미디어, 너 때는 말이야

미디어, 너 때는 말이야

지은이 정동훈
펴낸이 임상진
펴낸곳 (주)넥서스

초판 1쇄 발행 2020년 9월 24일
초판 3쇄 발행 2021년 4월 30일

출판신고 1992년 4월 3일 제311-2002-2호
10880 경기도 파주시 지목로 5
Tel (02)330-5500 Fax (02)330-5555

ISBN 979-11-90927-74-1 44500

www.nexusbook.com

청소년 미래 생존 프로젝트 · 1

미디어,

정동훈 지음

▶유튜브 와
함께 보는
청소년을 위한
미디어 이야기

너 때는
말이야

넥서스

디지털 트랜스포메이션 시대의
주인공이 될 석현과 석찬에게
이 책을 바칩니다.

디지털 트랜스포메이션 시대의 주인공인 여러분을 위한 이야기

블랙 스완(black swan). '검은 백조'를 의미합니다. 백조가 하얀색의 새라는 뜻이므로 블랙 스완은 말이 안 되는 표현일 것 같지만, 실제로 호주에서 발견되어 전 세계 학자들에게 큰 충격을 주었습니다. 이후, 블랙 스완은 '발생 가능성은 매우 낮지만, 일단 발생하면 엄청난 충격과 파급 효과를 가져오는 사건'을 의미하게 되었습니다.

2020년은 코로나 팬데믹이 일어난 해로 역사에 기록될 것입니다. 이제까지 한 번도 벌어지지 않은 사건들이 일어나고 있습니다. 국가 간의 왕래가 끊겼고, 긴급 재난 지원금이란 이름으로 전 국민에게 최대 100만 원을 지급했습니다. 소위 언택트라고 하는 비대면 문화가 확산됐고, 어떤 나라는 록다운(lockdown)이라는 행정 명령을 통해 사람이 집 밖에 나오는 것을 금지했습니다. 코로나 팬데믹은 블랙 스완이었을까요? 아니면 예상했던 사건이었을까요?

4차 산업혁명이 다가온다고 합니다. 정확히 무슨 뜻인지는 몰라도 빅데이터가 중요하고, 인공지능이 미래 사회의 핵심이라는 이야기를 들어 봤을 것입니다. 5G, 빅데이터, 인공지능 등이 우리 사회에 미치는 영향은 얼마나 클까요? 빅데이터와 인공지능이 가져오는 미래는 블랙 스완일까요? 아니면 예상했던 미래일까요?

블랙 스완이든, 예상했던 미래든 빅데이터와 인공지능이 새로운 세계를 만들 것이라는 전망은 대부분의 전문가가 동의하는 것 같습니다. 다만 그 시점이 언제가 될 것인가의 이견은 존재합니다. 많은 사람이 새로운 미래가 펼쳐지리라 전망하지만, 우리는 이에 대해 제대로 준비하고 있을까요?

저는 새로운 세상을 준비하는 Z세대에게 '어떻게 하면 도움을 줄 수 있을까?' 하는 생각으로 글을 쓰기 시작했습니다. 그리고 여러분이 무슨 일을 하며 살아가든 지금 꼭 알았으면 하는 내용을 '미디어', '가상현실', '인공지능', '로봇', '공유 자동차' 등 다섯 권의 책으로 정리했습니다. 그 첫 번째 책이 바로 미디어입니다.

미디어는 우리의 삶에서 떼려야 뗄 수 없는 가장 친숙한 도구입니다. 스마트폰, 텔레비전, 게임기, PC, 노트북, 극장 등이 모든 미디어입니다. 우리는 미디어로 콘텐츠를 소비합니다. BTS 음악을 듣고, 배틀 그라운드를 하며, 유튜브를 봅니다. 잠자고, 수업 듣는 시간을 제외한 대부분을 미디어와 함께한다고 해도 과언이 아닙니다.

미디어와 콘텐츠 시장이 급변하고 있습니다. 지금 우리가 미디어를 사용하는 행동을 10년 전과 비교해 보면 상상도 못 할 큰 변화임을 알 수 있습니다. 10년 전만 하더라도 텔레비전의 시대였습니다. KBS, MBC, SBS와 같은 지상파 방송이 가장 친숙한 채널이었죠. 당시에도 유튜브가 있기는 했지만, 지금과 같은 인기는 아니었습니다.

콘텐츠의 변화도 눈에 띕니다. 미디어가 변화하면 콘텐츠도 그에 따라 변하죠. 누구나 자기 채널을 만들 수 있는 시대에 크리에이터는 새로운 인기 직업이 되었고, 개성 넘치는 크리에이터들은 게임, 먹방, 음악, 패션, 개그 등 자신만의 매력으로 사용자를 불러 모았습니다. 유튜브 〈가짜 사나이〉의 인기가 지상파 방송인 〈진짜 사나이〉를 뛰어넘는 시대가 된 것이죠. 인기 유튜버가 수십억을 버는 시대가 되었습니다.

이제 미디어는 단지 크리에이티브와 영상의 힘으로 승부하는 세계가 아닙니다. 인공지능이 대본을 쓰고, 빅데이터로 사용자를 분석하여 최적 콘텐츠를 추천하고, 어떤 미디어와 채널을 통해 콘텐츠를 공개할 때 가장 큰 인기를 얻을 수 있는지 분석합니다. 카메라를 들고 밤샘 촬영을 해서 실사 영상을 만드는 분량은 줄어들고, 컴퓨터 그래픽으로 만든 가상의 콘텐츠가 그 자리를 메웁니다. '본방 사수'는 옛말이 되었고, 넷플릭스와 웨이브, 티빙과 디즈니+ 등 OTT가 주류 미디어로 등장했습니다.

이러한 미디어와 콘텐츠 세계의 변화를 여러분에게 알려 주고 싶었습니다. 그러나 또 한편 '영상이 텍스트를 뛰어넘는 시대에,

영상 세대를 위한 책을 쓰는 것이 어리석은 일은 아닐까?' 하는 생각도 있었습니다. 그래서 재미있는 글을 쓰려고 했습니다. 디지털 네이티브인 여러분은 긴 글을 읽는 데 익숙하지 않습니다. 유튜브에 넘치고 넘치는 게 재미있는 콘텐츠인데, 책을 읽는 것이 얼마나 지루할까요?

제 두 아들만 보더라도 유튜브를 보고 게임을 할 때는 몇 시간을 집중하지만, 책을 읽을 때는 30분을 넘기기 힘들어하는 것을 알 수 있습니다. 그래서 〈미디어, 너 때는 말이야〉는 다양한 사례를 통해 이야기를 풀어 나갔습니다. 그리고 유튜브 동영상을 볼 수 있는 QR 코드를 넣어 글을 읽다가 유튜브를 보면서 이해할 수 있도록 만들었습니다.

또한 여러분에게 더 친근하게 다가가기 위해서 네 명의 대학생들에게 감수를 받았습니다. 광운대학교 미디어커뮤니케이션학부 김명지, 김효리, 박현수, 이영현 학생이 이 책의 모든 내용을 꼼꼼히 읽고, Z세대에게 가장 적합한 단어, 문장, 예시를 사용하도록 조언을 주었습니다. 이 네 명의 친구들은 제가 책을 처음 쓰기 시작한 후부터 제목과 책의 디자인을 결정하는 마지막 순간까지 함께 했습니다. 이 책이 나올 수 있도록 많은 도움을 준 명지, 효리, 현수, 영현 학생에게 헤아릴 수 없는 고마운 마음을 전합니다.

이 책은 제 두 아이인 고등학생 석현이와 중학생 석찬이 그리고 가르치는 학생들에게 평소에 한 이야기를 모은 글입니다. 아이들과 집에서 한 이야기이기도 하고, 수업 시간에 학생들에게 한 강의이기도 합니다. 제가 할 수 있는 모든 정성과 노력을 이 책에 담아 독자 여러분에게 전하고 싶었습니다.

부디 이 책을 통해 여러분이 새롭게 펼쳐질 디지털 트랜스포메이션 시대의 주인공이 되기를 간절히 바랍니다. 고맙습니다.

정동훈

차례

▶ PART 2

웰컴 투 콘텐츠 월드

▶ PART 3
요즘은 OTT가 체질

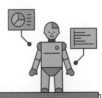

▶ PART 4 ── 미디어 산업을 휩쓰는 빅데이터와 인공지능

본문의 QR코드를 통해
동영상 보는 법

1. 스마트폰에 QR코드를 볼 수 있는 앱을 설치하십시오.
   또는 다음이나 네이버 앱에서도 QR코드를 읽을 수 있습니다.

네이버 앱 사용법

① 네이버 앱을 켭니다.

② 검색어 창을 터치합니다.

③ 오른쪽 하단에 있는 카메라 모양의 아이콘을
   터치합니다.

④ 카메라가 켜지면 아랫 부분에 'QR/바코드'가
   있는데, 이 부분을 터치합니다.

⑤ 책에 있는 QR코드를 비춥니다.

다음 앱 사용법

① 다음 앱을 켭니다.
② 검색어 창 오른쪽에 보면 아이콘이 있습니다. 아이콘을 터치하세요.
③ 검색어 창 밑에 네 개의 아이콘이 뜨는데, 이 중 '코드검색'을 터치하세요.
④ 책에 있는 QR코드를 비춥니다.

2. 영어 동영상의 경우 동영상 창에서 '설정 ● 자막 ● 영어(자동생성됨) ● 자동번역 ● 한국어 선택'을 하면 한국어 자막을 볼 수 있습니다.

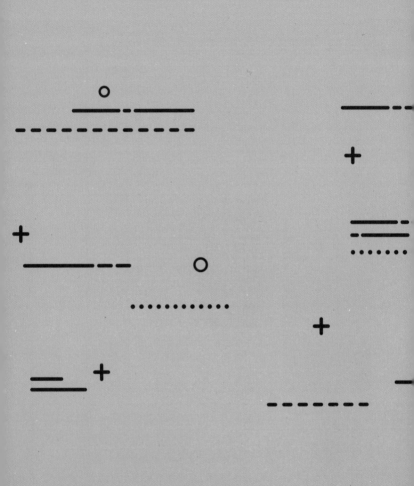

PART 1

10대가
TV를
죽이고
있다

아직도 박대기 기자가 되고 싶고,
나PD가 되고 싶다고?

▶ 10대의 미디어 이용은 다르다

우리나라 사람들은 하루에 몇 시간 동안 TV를 볼까요? 정답은 평균 2시간 55분(2019년 기준)입니다. 청소년 여러분에게는 딴 나라 이야기로 들릴 것 같습니다. 하루에 3시간가량 TV를 본다고? 여러분은 학교와 학원에 다니느라 TV 앞에 앉아 있을 시간이 거의 없을 테니 전혀 이해가 안 갈 겁니다. 반면 스마트폰은 하루 평균 몇 시간 사용할까요? 정답은 1시간 49분입니다. 여러분의 생각은 어떤가요? 생각보다 너무 적은가요, 아니면 너무 많은가요?

연령층별 TV·스마트폰 이용 시간(그림 1)

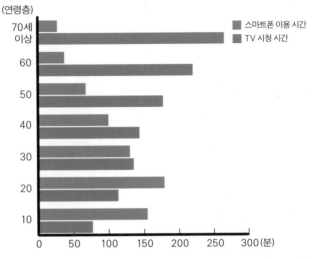

(연령층)

- 스마트폰 이용 시간
- TV 시청 시간

70세 이상

60

50

40

30

20

10

0   50   100   150   200   250   300(분)

*2019 방송 매체 이용 행태 조사. 방송통신위원회[1]

　이것은 전 세대의 통계 자료입니다. 10대는 하루 평균 약 1시간 16분 동안 TV를 보지만, 60대는 약 3시간 40분 동안 봅니다. 세대가 올라갈수록 TV 시청 시간은 현저하게 증가합니다. 반면 스마트폰 이용 시간은 정반대입니다. 10대는 하루 평균 2시간 35분 동안 스마트폰을 이용하는 데 반해, 60대는 47분만 이용합니다.

　이처럼 10대는 여러 지표에서 다른 세대와는 매우 다른 미디어 이용 행태를 보입니다. TV를 주 5일 이상 보는 비율은 33%밖에 안 되고(전체 평균 75%), 라디오는 6%만 이용하며(전체 평균 21%), 스마트폰으로 TV 프로그램을 시청하는 비율이 44%(전체 평균 24%)나 됩니다. 소위 OTT(Over the Top)라고 말하는 유튜브나 페이스북, 아프리카TV 등과 같은 온라인 동영상 서비스의 경우 10대는 85%나 이용하는 반면, 60대 이상은 14%(20대 83%, 30대 71%, 40대 55%, 50대 36%)로 연령대가 올라갈수록 이용률이 떨어집니다.

이러한 미디어 이용 데이터를 분석해 보면 크게 30대 이하를 한 집단으로, 그리고 40대 이상을 또 다른 한 집단으로 구분할 수 있습니다. 세대 간 미디어 이용 행태의 차이는 큰 의미가 있습니다. 어떤 산업이든 젊은 세대는 늘 주목의 대상입니다. 40대 이상이 현재 산업을 좌우한다면, 30대 이하 세대는 미래 산업의 흐름을 바꿔 놓기 때문입니다.

앞으로 미디어 산업은 어떻게 변화할까요? 이 책에서는 앞에서 소개한 것과 같은 각종 데이터와 사례 등을 통해 미디어 산업이 주는 의미가 무엇인지 그리고 앞으로 미디어 산업은 어떻게 변화해 나갈지 이야기하려고 합니다.

▷ 드라마보다 예능이 많은 이유가 적자 때문이라고?

우리나라 사람들이 제일 많이 보는 방송사는 역시 지상파 방송사입니다. 지상파 방송사가 한 해 동안 얼마나 버는지 궁금하시죠?

방송사의 매출액과 영업 손익(표1)

	2017	2018	2019
KBS	14,163(202)	14,199(-585)	13,456(-759)
MBC	6,655(-565)	6,753(-1,237)	6,446(-966)
SBS	7,163(140)	8,473(7)	7,076(60)
JTBC	3,111(99)	3,478(129)	3,259(252)

2019년도 방송 사업자 재산 상황 공표집 (단위: 억)

2019년 기준 KBS, MBC, SBS의 매출액과 순이익을 알아볼까요. 먼저 매출액입니다. KBS는 1조 3,456억 원, MBC는 6,446억 원, 그리고 SBS는 7,076억 원을 벌었습니다. 그렇다면 순이익은 얼마나 될까요? KBS는 759억 원의 적자, 그리고 MBC는 자그만치 966억 원의 적자를 냈습니다. SBS만 그나마 60억 원의 흑자를 본 것에 만족해야 했습니다.

이렇게 적자가 나는 이유는 무엇일까요? 그것은 사람들이 점점 TV 방송을 보지 않기 때문입니다. 그로 인해 시청률이 떨어지고, 시청률이 떨어지니 광고가 붙지 않고, 광고가 안 붙으니 매출액은 떨어지고, 적자는 늘어나게 되는 거죠. 이렇게 되면 블록버스터급 드라마는커녕, 일반 드라마조차 만들기가 어려워 편당 제작비가 줄어들게 됩니다. 드라마는 편당 제작비가 많이 들기 때문에 한 해 드라마를 몇 편이나 제작하는지, 편당 제작비는 얼마인지는, 방송 산업의 현재를 이해하는 좋은 지표입니다. 드라마가 줄어드니 그 자리를 편당 제작비가 저렴한 예능이 채우게 됩니다. 미니 시리즈 기준 드라마 편당 평균 제작비는 4억 원 정도인 데 반해, 예능은 많아야 1억 원 선이니 비용의 차이가 엄청나죠.

몇 년 전부터 토크쇼와 스튜디오 안에서 제작하는 프로그램, 일반인 출연 프로그램이 많아지게 된 것도 같은 이유입니다. 제작비가 상대적으로 저렴해서 비용을 줄이려는 의도죠. 어차피 시청률은 큰 차이가 없으니 비용을 줄이면서 안전하게 가려는 겁니다. 이렇게 되면 콘텐츠의 질적 가치의 하락으로 이어지고, 시청자는 더 멀어지게 되는 악순환이 될 수 있습니다.

그렇다면 왜 방송을 안 볼까요? 여러분의 일상생활을 되돌아보면 그 이유를 찾을 수 있습니다. 짬이 날 때 여러분은 게임이나 유튜브를 즐기거나, 각종 커뮤니티 사이트에서 짤을 보고,

TV 프로그램보다 다른 모바일 콘텐츠를 더 선호하는 청소년(그림 2)

▶ 10대가 TV를 죽이고 있다

댓글을 달며, 친구들과 카톡을 하고, 틱톡을 하지 않나요? 맞습니다. 방송을 안 보는 이유는 방송보다 재미있는 콘텐츠가 많기 때문입니다. 이렇게 많은 콘텐츠 중에 TV 방송은 특히 제약이 너무 많습니다. 제약이 많다는 의미는 프로그램 내용이나 형식에 있어, 방송은 법과 제도에 의해 매우 엄격하게 영향을 받는다는 의미입니다.

▷ 유튜브는 방송이 아니다?

유튜브에는 별별 BJ들이 많죠. 먹방을 진행하기도 하고, 게임도 하며, 심지어 욕도 합니다. 우리의 일상을 적나라하게 보여 줍니다. 아니 오히려 우리가 사는 모습보다 더 과장되죠. 그렇다면 KBS나 MBC의 방송 내용은 어떨까요? 욕이 나오나요? 담배를 피우는 모습은요? 너무나 착해서 현실적이지 않은 것 같습니다. 왜 이런 차이가 있는 걸까요?

우리가 살아가는 사회에서 방송의 영향력은 매우 큽니다. 유재석 님을 트로트 가수 유산슬 님으로 탄생시킨 MBC의 예능 프로그램 〈놀면 뭐하니〉는 시청자를 즐겁게 만들기도 했지만, 동시에 대한민국을 트로트 열풍에 빠지게 했을 정도로 영향력이 컸습니다. 예능 프로그램뿐만 아니라 뉴스를 통해 전해지는 소식들이 정치 경제에 미치는 영향력은 감당하기 벅찰 정도로 큽니다. 그래서 방송법이라는 법률로써 제어 장치를 마련했습니다.

법적으로는 방송이 아닌 유튜브(그림 3)

　반면 유튜브 방송은 어떠한 제약도 없는 것처럼 보입니다. 왜냐하면 유튜브는 법적으로 방송이 아니기 때문입니다. 대중은 스토리텔링과 같은 질적 요소를 중시하지만, 기본적으로 자극적인 콘텐츠에 더욱 관심을 두게 됩니다. 게다가 유튜브로 접하는 콘텐츠는 내가 원하는 것만 콕 집어서 볼 수 있죠. 재미가 없으면 스킵하면 되고, 재미있는 것만 골라서 볼 수 있으며, 게다가 재미있는 동영상이 끝없이 쏟아집니다. 이렇다 보니 모바일 세대인 10대는 스마트폰을 통해 유튜브나 틱톡과 같은 사이트에서 보는 짧고 자극적인 영상이나 짤 등을 더 선호하게 됩니다. 디지털 기술의 발달과 스마트폰 기술의 혁신은 스마트폰으로 즐길 수 있는 콘텐츠를 많이 만들었습니다. 이것이 상대적으로 TV 방송 프로그램을 재미없게 만든 것이죠.

▶ 지금은 틱톡, 트위치, 유튜브의 세상

일반인에게는 낯설지만, 게이머라면 모르는 사람이 없는 '트위치(Twitch)'라는 1인 게임 방송이 있습니다. 전 세계적인 인기를 끌고 있는데, 최근 어떤 게임이 인기가 있고 앞으로 어떤 게임이 인기가 있을지 예측하려면 '트위치'를 보면 알 수 있을 정도로 게임 동영상 스트리밍(streaming) 서비스의 강자입니다.

2020년 1월 기준으로, 한 달에 평균 220~320만 명이 방송을 하고, 1,500만 명이 95분을 시청하는 게임 전문 라이브 스트리밍 플랫폼입니다. 한 달에 총 440억 분에 달하는 영상이 시청됨으로써 세계 최고의 게임 동영상 스트리밍 서비스 사이트가 됐습니다(Influencer Marketing, 2020.01.03)[2]. 한국에서도 인기가 많아서, 2016년 월 사용자 수가 30여만 명에서 2년이 지난 2018년에는 90여만 명으로 3배가 증가했을 정도입니다(김위수, 2019.02.06)[3]. 직접 게임을 하는 것이 아니라 게임하는 것을 시청하는 게임 방송 콘텐츠는 모바일 디지털 환경이 만든 새로운 산업으로, 10~30대 세대에게 주류 미디어가 되었습니다.

앞에서 설명한 유튜브와 같이 트위치는 전통적 의미의 방송이 아닙니다. 방송 프로그램을 만들기 위해서는 회사의 형태로 사업자 등록을 해야 하고, 제작자나 프로듀서, 그래픽 디자이너와 같은 전문가가 필요합니다. 한 편의 콘텐츠를 만들기 위해 잘 만들어진 시나리오와 체계적인 준비가 필요하지만, 트위치 방송은 한 명의 스트리머가 게임을 설명하고, 플레이를 합니다. 물론 최근에는 DIA TV, 트레져헌터, 샌드박스 등 MCN(Multi-Channel Network)이라고 하는 기획사가 만들어져 기업형 방송으로 전환하는 추세이지만 여전히 대부분의 스트리머는 개인이 운영하는 형태를 띠고 있습니다.

한 번 생각해 보죠. 만일 청소년 여러분이 20대가 되어서도 지금같이 TV를 보는 것보다 유튜브와 트위치를 즐겨 보고, 틱톡을 찍고 게임을 즐겨 한다면, 앞으로 미디어 시장은 어떻게 변화할까요?

미디어 환경은 급속하게 변화하고 있습니다. 이러한 변화는 미디어 사용자의 행동을 변화시킵니다. 독자 여러분의 아버지 세대는 TV로 영상을 보는 것이 더 익숙한 세대인 데 반해, 여러분은 스마트폰으로 영상을 보는 것이 더 익숙한 세대입니다. 소위 말하는 MZ세대가 갖는 독특한 특징입니다. 스마트폰 하나로 영상을 찍고 편집한 후 소셜 미디어에 공유하는 행동은 매우 자연스럽습니다. 이러한 MZ세대의 생활 양식의 변화가 가지고 올 미디어 산업의 미래는 어떻게 변할까요? 이제 여러분들이 궁금해하는 내용을 하나씩 풀어 보겠습니다.

OTT란 무엇인가요?

OTT는 Over-the-Top의 약자로, Top은 TV에 연결되는 셋톱 박스를 의미합니다. 초기에는 셋톱 박스 기반 인터넷 동영상 서비스로 정의됐지만, 현재는 셋톱 박스가 없이도 TV나 PC, 휴대폰과 같은 단말기를 통해서 방송 및 통신 사업자들이 제공하는 동영상을 비롯한 부가 서비스 등을 말합니다. 쉽게 말해 OTT 서비스는 인터넷을 통해 볼 수 있는 영상 제공 서비스입니다.

OTT 서비스는 영상 콘텐츠를 다운로드하거나 스트리밍 서비스를 제공하는 것으로, OTT 동영상 콘텐츠 시장은 콘텐츠 제작자와 방송 사업자는 물론 통신 사업자의 수익에도 큰 영향을 미치는 미래형 영상 비즈니스 모델로 자리를 잡고 있습니다. OTT 서비스는 이제 더 이상 낯설지 않습니다. 뭔가 서로 다른 서비스 같지만, 넷플릭스, 웨이브, 유튜브, 트위치, 아프리카TV 등 이 모두가 OTT 서비스입니다. OTT는 미래 영상 시장의 핵심이 되기 때문에 Part 3에서 더 자세히 설명하겠습니다.

방송법이 무엇인가요?

방송법은 방송의 자유와 독립, 그리고 공적 책임을 부여함으로써 시청자의 권익 보호와 민주적 여론 형성 및 국민 문화의 향상을 이루기 위한 목적으로 만들어졌습니다. 방송의 발전과 동시에 공공복리를 책무로 부여하기 때문에, 방송사는 방송법에서 제한한 엄격한 규정에 따른 방송을 제작해야 합니다. 아무렇지도 않게 보는 방송 광고라도 실제로는 대통령령으로 정한 내용에 따라 허용 범위, 시간, 횟수 또는 방법 등이 모두 제한되어 있습니다. 같은 방송이라도 KBS와 같은 지상파 방송과 tvN과 같은 종편의 법 적용도 다릅니다.

예를 들어볼까요? 지금은 폐지된 KBS의 〈개그콘서트〉와 tvN의 〈코미디빅리그〉는 우리나라의 대표적인 코미디 프로그램이었습니다. 여러분들 중에 〈코미디빅리그〉는 재미있게 봤어도 〈개그콘서트〉를 즐겁게 봤던 사람은 거의 없었으리라 생각합니다. 2012년까지만 해도 〈개그콘서트〉의 시청률이 20%를 넘었는데, 왜 이렇게 인기가 떨어졌을까요? 이유는 같은 개그 프로그램임에도 KBS 방송에서 쓸 수 없는 말과 내용을 tvN에서는 자유롭게 쓸 수 있기 때문입니다. tvN은 규제가 상대적으로 약해 개그 소재가 다양하고, 더 자유로울 수 있습니다. 제약이 있을 경우보다 없을 경우 아이디어를 자유롭고 창의적으로 만들 개연성이 더 크겠죠. KBS는 지상파 방송국이기 때문에, 그리고 공영 방송이기 때문에 종편 방송사보다 엄격한 법적 규제를 받습니다. 그래서 방송 내용이 매우 보수적이면서도 조심스럽습니다. 방송법은 이렇게 시청자들이 인식하지는 못 하지만, 방송 프로그램의 내용에 직접적인 영향을 미칩니다.

청소년은 미디어를
가지고 논다

▷ 내 몸이 미디어?

　영화 〈어벤져스: 엔드게임〉을 보면, 블랙 위도우가 멀리 떨어져 있는 어벤져스 멤버들과 회의를 하기 위해 홀로그램을 이용합니다. 〈아이언맨〉에서는 토니 스타크가 헬멧을 통해 각종 정보를 보고, 토니가 입은 슈트는 토니의 심장 박동 수나 부상 정도를 확인하고 위험을 알려 줍니다. 이런 모습은 비단 영화 속의 이야기로만 남을 것 같지는 않습니다. 2025년 정도만 돼도 우리는 헤드 마운트 디스플레이(Head-Mounted Display: HMD)를 쓰고 해외에 있는 친구와 바로 옆에 있는 것처럼 이야기를 하고,

함께 행동할 수 있게 될 것입니다. 그리고 지
구 반대편에서 벌어지는 공연이나 스포츠
경기를 마치 현장에서 관람하는 것과 같은
생생한 경험을 할 수도 있을 것입니다. 또한

웨어러블은 이렇게 한 개인의 삶을 변화시키기도 합니다.

팔목에 찬 밴드나 입고 있는 옷 그리고 쓰고
있는 안경을 통해, 편리하고 자연스럽게 네트워크에 연결하여,
오락을 즐기는 것은 물론이고 병원에 가지 않아도 건강 정보를
의사에게 전달할 수 있을 것입니다.

지금 말한 모든 것이 '미디어'입니다. 아이언맨의 슈트, 콘텐
츠를 전달하는 웨어러블, 자비스도 미디어입니다. 미디어란 라
틴어로 중간(middle)을 의미합니다. 즉, 매개체입니다. 구체적으
로 말하면, 미디어는 정보나 메시지를 전달하는 도구입니다.

캐나다의 문화 비평가이자 미디어 이론가인 마셜 매클루언
(Marshall McLuhan)은 1964년에 《미디어의 이해: 인간의 확장》
이라는 저서에서 미디어를 '인간이 만든 모든 것'으로 정의하며,
'미디어는 결국 인간의 확장'이라고 주장했습니다. '미디어가 인
간의 확장'이란 이 의미심장한 말은 무엇을 뜻할까요?

우리는 오감을 통해 정보를 전달받습니다. 글을 보고, 음악
을 들음으로써 의미를 이해하게 되는 거죠. 전화기는 공간을 확
대합니다. 스마트폰이 있기 때문에 멀리 떨어져 있는 친구와 약
속을 잡을 수 있습니다. 이렇듯 미디어는 나의 눈이 되고, 귀가

메시지를 전달할 수 있는 모든 것은 미디어 (그림 4)

되어 전 세계 곳곳에 있는 정보를 전달해 줍니다. 나의 눈은 내 몸에 있는 것뿐만 아니라, 시공간을 초월해서 존재하게 되죠. 이러한 상황을 매클루언은 '인간의 확장'으로 표현한 것입니다.

　마셜 매클루언이 예견했듯 인간의 몸은 시대를 거듭하며 미디어를 통해 점점 더 확장됐습니다. 기술이 발전하면서 미디어도 진화했죠. 1990년대에는 인터넷을 사용하려면 인터넷 케이블이 연결된 컴퓨터를 사용해야 했지만, 2000년대부터는 휴대용 유무선 네트워크가 지원되는 공간 안에서 노트북만 있으면 인터넷을 사용할 수 있게 됐습니다.

　현재는 스마트폰으로 언제 어디서나 인터넷을 사용할 수 있게 되었죠. 더 나아가 미래에는 인간뿐만 아니라 사물에게 명령을 내리면, 사물이 인간 대신 사물들과 직접 소통하고, 조작하게 될 것입니다. 우리 생활의 모든 영역에 미디어를 적용하고, 모든 일상생활에서 미디어를 사용하며, 급기야 모든 것이 미디어가 되는 현상이 벌어질 것입니다. 미디어의 발전과 변화에 따라 인간의 몸도 시공간을 초월해 상상 이상으로 확장될 것이고요. 자, 그러면 왜 이러한 미디어의 의미가 여러분에게 중요할까요?

▶ 미디어를 이해해야 세상을 이해할 수 있다

1980년대에는 LP로 불리는 레코드나 카세트테이프로, 2000년대 중반까지는 CD로, 현재는 스트리밍으로 음악을 듣는 것이 일반적입니다. 기술의 발전은 이렇게 세대를 나누고, 경험을 구분 짓습니다. 또한 기술의 진보는 콘텐츠의 소비 행태를 바꿉니다. 음악을 듣기 위해서는 음질이 가장 중요한 고려 사항이 되겠지만, 음질의 차이가 크지 않다면 가격과 휴대성, 편의성 등이 더 중요한 평가 기준이 됩니다.

매클루언은 미디어를 이해해야 세상을 이해할 수 있다고 말했습니다. 디지털 기술이 발전할수록 이 말의 중요성은 더욱 커질 것입니다. 미디어가 점점 더 편리해진다는 것도 바로 이러한 예입니다. 이제까지 나온 미디어도 그랬지만, 미래에 나올 새로운 미디어는 모두 인간의 확장을 기초로 합니다. 즉 우리의 '오감을 확장'하는 데, 불편하고 사용하기 어렵다면 그 미디어는 성공하기 힘들 것입니다. 반면, 인간을 이해하고, 기술이 어떻게 발전하는지 파악할 수만 있다면, 여러분은 인간이 필요로 하는 새로운 미디어를 개발할 수 있고, 그 미디어에 가장 적합한 콘텐츠를 만들어 낼 수 있게 될 것입니다.

세상에는 너무나 많은 미디어와 콘텐츠가 있습니다. 이제는 한국에서도 미국이나 유럽 사람들과 똑같은 영상을 실시간으로 볼 수 있을 정도로 국경도 없어졌습니다. 이는 언제 어디

스타의 생일 축하 파티도 볼 수 있으니, 정말 다양한 콘텐츠가 넘칩니다.

에서든 내가 원할 때 원하는 장소에서 원하는 콘텐츠를 소비할 수 있다는 것을 의미합니다. 예를 들어 BTS 팬은 BTS의 공연뿐만 아니라 정국 님과 뷔 님의 일상생활과 같은 사적이고, 세밀하고 다양한 콘텐츠를 접할 수 있다는 것이죠.

더군다나 콘텐츠는 각각의 미디어 환경에 맞게 최적화되어 만들어집니다. 스냅챗은 10초, 틱톡은 15초라는 시간에 최적화된 서비스입니다. 네이버의 브이 쿠키는 4분 이내, 카카오의 톡TV는 20분, 퀴비는 10분 미만의 오리지널 콘텐츠를 서비스합니다. 이러한 콘텐츠가 가진 특징은 그냥 만들어지는 것이 아닙니다. 인간을 분석하고, 사용자의 행태를 조사한 결과 이 정도 시간이 갖는 장점을 소구하는 것입니다.

여러분은 최근에 50분짜리 영상 콘텐츠를 제대로 본 경험이 있나요? 여기서 말하는 '제대로'란 의미는 빠른 배속으로 보

지 않고, 스킵하지 않고 처음부터 끝까지 한 번에 보는 것을 말합니다. 설령 이러한 경험이 있다고 해도 쉽지 않은 노력이 필요했을 겁니다. 대신에 10분 정도 되는 웹 드라마인 〈에이틴〉은 어땠나요? 짤과 유튜브는요? 여러분이 좋아하는 콘텐츠의 공통점은 시간이 매우 짧다는 것입니다. 시간이 짧다 보니 진행 속도가 빠릅니다. 짧은 호흡으로 진행되니 그만큼 압축적이죠. 이러한 특징이 요즘 여러분들이 가장 좋아하는 콘텐츠입니다.

미디어를 이해해야 세상을 이해할 수 있다는 말은, 미디어를 통해 어떤 콘텐츠를 전달할 것인가로 의미가 확장됩니다. 여러분이 전달하고 싶은 메시지를 어떤 미디어를 통해, 어떻게 콘텐츠를 제작하면 정보 전달력이 가장 뛰어나고, 설득력이 있을까를 고민해야 합니다.

▷ TV는 안 보지만, TV는 본다

미디어에 관심이 많은 독자 여러분께 가장 기본적인 질문 두 가지를 하려 합니다. 우선 TV란 무엇인가요? TV는 1927년에 첫 선을 보인 이후로 이제는 롤러블 TV까지 개발됐습니다. 정말 눈부신 발전 속도입니다. TV는 우리의 일상생활에서 떼어 놓을 수 없는 친구죠. 그런데 언제부터인가 TV의 의미를 다양하게 사용하고 있음을 발견할 수 있습니다. 가령 부모님께서 "TV를 너무 가까이에서 보지 말아라"라고 말씀하실 때의 TV

와 "TV 좀 그만 봐라"라고 말씀하실 때 TV의 의미는 같은 것일까요?

먼저 첫 번째의 예로 들었던 "TV를 너무 가까이에서 보지 말아라"의 TV는 거실에 있는 수상기라는 하드웨어를 의미할 것입니다. "TV 좀 그만 봐라"라고 할 때는 복합적입니다. 거실에 있는 TV를 그만 보라는 의미도 있겠지만, 실상 더 중요한 의미는 TV에서 나오는 방송 콘텐츠를 그만 보라는 의미겠죠. 만일 어머니께서 "TV 좀 그만 봐라"라고 하셔서, 거실에 있는 TV로 재미있게 보고 있는 〈뮤직뱅크〉를 끄고, 스마트폰으로 〈뮤직뱅크〉를 계속해서 본다면 어머니의 잔소리는 다시 이어지겠죠?

그렇다면 유튜브나 트위치TV는 뭘까요? 아프리카TV나 틱톡에서 나오는 영상은 방송인가요? 인터넷 방송이나 개인 방송이라는 표현도 있는데, 이것은 KBS, MBC, SBS, JTBC, tvN과는 어떤 차이가 있는 걸까요? 사실 방송의 의미는 다양하게 사용합니다. TV 방송이라고도 얘기하고, 유튜브 방송이라고도 얘기합니다. 우리가 이렇게 아무렇지 않게 사용하는 TV나 방송이라는 용어는 단순한 것 같지만 그 안에는 정말 다양한 분류가 가능할 정도로 복잡합니다.

우리는 앞 장에서 간략하게 방송법에 대해서 알아봤습니다. 방송법에서 방송은 프로그램을 기획, 편성 또는 제작하여 이를 시청자에게 전기 통신 설비에 의하여 송신하는 것으로 정의합니다. 방송 프로그램에는 텔레비전, 라디오, 데이터, DMB 등을 포함합니다. 아마 독자 여러분께서는 기껏해야 텔레비전 정도만 이용하겠죠? 분명한 것은 유튜브나 아프리카TV는 이러한 방송의 범주에 들어가지 않는다는 것입니다. 별것 아닌 것 같지만, 이것은 매우 중요합니다. 앞 장에서 얘기했듯이, 방송법에 따라서 방송에서는 해야 할 것과 하지 말아야 할 것을 엄격하게 구분하고 있기 때문입니다.

이렇게 TV 방송과 유튜브는 전혀 다른 미디어이고, 심지어 같은 TV 방송이라고는 하지만 KBS와 같은 지상파 사업자와 JTBC 같은 종편 사업자가 각기 다른 규제를 받기 때문에 이들 사업자가 어떠한 기술을 바탕으로 새로운 서비스를 할 것인

방송의 정의에 따라 법의 적용이 달라집니다. (그림 5)

지는 제각각 다를 수밖에 없습니다. 물론 시청자의 입장에서 이러한 분류는 전혀 중요하지 않습니다. 우리는 그저 재미있는 방송을 가능한 한 저렴하고 편리하게 보면 그만이기 때문이죠. 그러나 방송 영역은 법과 제도가 매우 엄격하게 적용되는 분야입니다. 우리는 잘 인식하지 못하지만, 엄격한 규제 때문에 방송의 내용과 형식이 각각 다르게 적용되기도 합니다.

▶ 위대한 융합, 미디어 잡종화

정리하면 이렇습니다. TV는 TV 수상기를 의미하기도 하고, 방송을 의미하기도 합니다. 그렇다면 방송은 무엇인가요? 가장 단순하게 말하면 TV를 켜면 나오는 방송은 모두 TV 방송이겠지만, 자세하게 말하면 지상파, 케이블, IPTV 등 편성표에 의해 시간대별로 어떤 방송을 할 것인지 사전에 제공하는 프로그램을 방송으로 정의할 수 있습니다. 이러한 방송은 시청자 마음대로 볼 수 있는 것이 아니라, 편성된 시간에 따라 볼 수 있기 때문에 특정 시간에만 볼 수 있어 '본방 사수'가 중요합니다.

그런데 이제 방송만 전달하는 플랫폼은 더 이상 장점이 없습니다. TV 수상기를 말하는 것입니다. 방송을 보기 위해서 TV 수상기가 있는 곳으로 움직여야 한다? 어른들에게는 너무나 당연한 명제이지만, 여러분에게는 선택일 뿐입니다. 집에 있을 때 거실에 있는 TV를 보는 것이 자연스럽듯이, 굳이 TV로 보는 대신 침대에 누워서 스마트폰으로 영상을 보는 것 역시 여러분에게는 자연스럽습니다. 또한 TV를 보면서 스마트폰으로 인터넷 서치를 하거나, 틱톡을 보고, 카톡을 하는 것 역시 익숙하죠. 미디어와 콘텐츠 사업자는 이러한 여러분들의 행동을 어떤 식으로 자신들의 사업에 적용할까요? 미디어는 융복합, 잡종화되고 있습니다. 하나의 기능을 수행하는 것이 아니라, 그 본연의 기능 외에 다른 기능 등을 추가시켜 새로운 경험을 만들고 있습니다. 스마트폰으로 유튜브를 보면서, 동시에 카톡으로 메시지를 보내는 것처럼요.

게임을 하면서 동시에 게임 공략을 볼 수 있는 멀티 태스킹이 자연스러운 시대입니다.

　이렇게 미디어를 소비하는 방식의 변화는 우리의 생활 태도와 행동을 변화시킵니다. 저녁이면 온 가족이 TV 앞에 모이던 광경은 각자의 방에서 각자의 스마트폰이나 PC로 각기 다른 것을 들여다보는 모습으로 바뀌었습니다. 모두가 같은 곳을 보고 같은 것을 공유하던 시대에서, 취향에 따라 각자 다른 곳을 보고 다른 것을 즐기는 시대로 바뀐 것이죠.

　스마트폰이 가져온 생활의 변화를 반추해 보면, 향후 미디어의 미래를 예측할 수 있습니다. 대표적인 예가 가상현실과 같은 실감 미디어 시대가 올 것이라는 예측입니다. 5G 네트워크가 깔리고, 스마트폰의 AP(Application Processor: 컴퓨터의 CPU,

GPU, 모뎀, 메모리 등이 담겨 있는 칩)와 디스플레이가 더욱 발전된다면 이제까지 경험하지 못한 새로운 형태의 콘텐츠를 볼 수 있을 것입니다.

같은 영상 산업이라도 위기와 기회는 공존합니다. 콘텐츠를 만드는 지상파 방송사가 미래에 살아남을지, 아니면 유튜브나 넷플릭스처럼 자체 콘텐츠는 많지 않지만 글로벌 플랫폼을 갖고 있는 기업이 살아남을지 지금 영상 산업계는 전쟁 중입니다. 지상파 방송사는 UHD(Ultra High Definition, 4K, 초고화질) 방송을 차세대 방송으로 전략적으로 준비를 하고 있고, IPTV는 넷플릭스와 유튜브를 볼 수 있는 OTT 서비스를 함께 제공합니다. 또한 IPTV에서는 한 화면에서 프로 야구 4경기나 홈쇼핑 4개 채널을 동시에 시청할 수 있고, 인공지능 음성 검색을 할 수도 있습니다.

이 모든 변화의 중심에는 네트워크가 있습니다. 인터넷을 할 수 있게 만드는 와이파이나 통신을 의미하죠. 영상 산업은 네트워크를 기반으로 하는 멀티 플랫폼의 등장으로 인해 콘텐츠의 유통, 즉 콘텐츠를 만들어서 판매하거나, 콘텐츠를 보는 과정을 변화시켰습니다. 네트워크는 여러분의 생각보다 훨씬 더 중요합니다. 다음 장에서는 영상 산업에서 왜 네트워크가 중요한지 설명하겠습니다.

사용자 분석을 통해 성공한 콘텐츠는 무엇이 있을까?

사용자의 의미는 미디어에 따라 각각 다르게 사용되죠. TV는 시청자, 게임은 게이머처럼요. 그러나 이들 모두 미디어를 사용한다는 의미에서 모두 사용자입니다. 최근에는 시청자를 단지 시청만 하게 놔두지 않습니다. 대표적인 것이 오디션 프로그램이죠. 직접 참여하게 함으로써 '내가 프로그램을 만들고, 스타를 키운다'라는 생각을 하게 합니다. 엠넷에서 2016년에 방송한 〈프로듀스 101〉은 평균 시청률 3%를 넘긴 종편의 히트작입니다. 이후 2017년 봄에 시즌 2을 제작했는데, 최종회 시청률이 5%가 넘어, 다음 해에는 〈프로듀스 48〉이 만들어졌습니다.

그런데 여러분은 혹시 TV조선에서 방송했던 〈내일은 미스터트롯〉을 아시나요? 이 프로그램은 2020년 2월 20일 방송에서 시청률이 30%를 넘는 것으로 조사됐습니다. 그렇게 유명했다는 MBC 〈무한도전〉도 역대 최고 시청률이 28.9%(2008.02.09 방송)에 그쳤는데, 당시와 비교해서 볼 것도 많아진 2020년에 예능 프로그램의 시청률이 30%를 넘었다는 것은 놀라운 사건입니다.

그렇다면, 누가 이 프로그램을 볼까요? 미디어오늘의 보도를 보면, 60세 이상이 43%, 50대는 27.8%로, 시청자 10명 중 7명은 50대 이상의 중장년층이었습니다(정철운, 2020.02.04)[4]. 〈내일은 미스터트롯〉의 성공을 통해 대한민국의 TV 시장을 분석해 보면, 고령 사회와 충성도 높은 고령층 시청자 등의 키워드로 요약할 수 있습니다. 이 두 프로그램은 각각 20대 이하와 50대 이상의 연령층을 주 타깃으로 하고, 시청자를 직접 프로그램에 참여시켜 성공한 사례입니다. 이처럼 사용자를 이해하면 성공 가능성이 높은 프로그램을 만들 수 있습니다.

지금이 정말
5G 시대가 맞나요?

▶ 게임도 멜론처럼 스트리밍으로 즐긴다

2019년 3월 19일 구글은 게임 개발자 회의에서 피차이 (Sundar Pichai) 최고 경영자가 클라우드(cloud) 게임 플랫폼인 스태디아(Stadia) 서비스를 시작한다는 발표를 했습니다. 클라우드 게임이란 다운로드를 하지 않고 플레이하는 게임을 말합니다. 잘 알다시피 지금까지 방식은 다운로드를 한 후에 게임을 하는 것이 일반적이었지만, 음악 산업이 그랬고, 영상 산업이 그랬던 것처럼, 게임 산업 역시 다운로드에서 스트리밍으로 변하고 있는 것이죠.

클라우드 게임 시장에 뛰어든 구글(그림 6)

안타깝게도 우리나라는 1차 출시국에 포함되지 않아 한국 게이머들은 아직 경험하지 못했지만, 미국을 포함한 14개국에서는 2019년 11월 19일에 스태디아를 즐길 수 있었습니다. 구글의 영향력이 워낙 커서 구글 스태디아만 떠들썩하지만, 사실 LGU+는 이미 2019년 9월 4일부터 세계적인 그래픽 카드 회사인 엔비디아(NVIDIA)와 손을 잡고 5G 스마트폰과 PC에서 이용이 가능한 클라우드 게임 서비스인 '지포스 나우(GeForce NOW)'를 선보였습니다. 여기에서 주의 깊게 봐야 할 것은 LGU+는 구글과 달리 5G 클라우드 게임 서비스를 제공하고 있다는 것입니다.

구글 스태디아는 게임의 미래일까요? 클라우드 게임이 바꿀 미래가 기대됩니다.

구글은 기기 성능과 상관없이 35Mbps의 인터넷 속도만 유지된다면, 4K 해상도, 60fps, HDR, 5.1 서라운드 사운

주요 국가 모바일 인터넷 다운로드 속도(표2)

순위	국가	Mbps	순위	국가	Mbps
1	대한민국	93.84	11	중국	57.26
2	아랍에미리트	86.35	12	스위스	55.43
3	카타르	83.18	13	싱가포르	55.11
4	캐나다	74.42	14	뉴질랜드	53.26
5	네덜란드	70.22	15	알바니아	50.89
6	노르웨이	68.14	16	북마케도니아	50.48
7	불가리아	65.39	17	오스트리아	49.88
8	오스트레일리아	64.04	18	벨기에	49.83
9	크로아티아	63.53	19	덴마크	48.14
10	사우디아라비아	59.24	20	스웨덴	48.08

*스피드테스트 글로벌 인덱스(Speedtest Global Index , 2020년 2월 기준)

드 품질로게임을 즐길 수 있다고 홍보해 왔습니다. 참고로 우리나라 LTE 다운로드 속도는 110~211Mbps, 와이파이는 160~392Mbps입니다(과학기술정보통신부, 2019. 12. 24.)[5]. 그러나 정작 첫 출시일 이후 스태디아는 입력 지연과 끊김 현상 때문에 게이머의 엄청난 비난을 받았습니다.

이러한 문제는 스트리밍 서비스가 해결해야 할 공통적인 문제입니다. 입력 지연과 끊김 현상을 해결하기 위해서는 많은 노력이 필요합니다. 게이머와 가까운 곳에 데이터 센터를 유치해서 서버와의 거리를 줄여야 하고, 게이밍 데이터가 많이 발생하는 장소 곳곳에 엣지 컴퓨팅을 도입해야 합니다. 쉽게 말해서 데이터 센터는 먼 거리에 있는 서버에서 정보를 처리하는 것이라면, 엣지 컴퓨팅은 사용자가 사용하는 기기와 가까운 곳에서 처리하는 것을 의미합니다. 엣지 컴퓨팅을 도입하면 사용자는 더욱 빠르고 안정적인 서비스를 제공받을 수 있는 것이죠. 또한 압축 기술을 더 발전시킬 필요가 있습니다. 그리고 무엇보다도 중요한 것은 안정적이면서도 빠른 다운로드 속도를 보장하는 네트워크가 필요합니다. 간단히 말해서 5G 네트워크가 필요합니다.

네트워크의 중요성은 아무리 강조해도 지나치지 않습니다. 물과 공기가 인간으로서 살아가기 위한 필수 요소라면, 네트워크는 생존의 문제를 벗어난 이후에 가장 중요한 요소가 됐습니다. 네트워크의 개념은 매우 복잡하고, 다양한 기술 용어가 사용되지만, 간단하게만 알아보도록 하죠.

네트워크는 통신망을 의미합니다. 정보를 전달하는 역할을 하죠. 데이터가 전달되는 통신 체계라고 이해하면 됩니다. 우리가 가장 많이 쓰는 것은 무선 네트워크(wireless network)입니다. 케이블과 같은 유선을 통하지 않고 무선으로 통신하는 네트워크를 말합니다. 와이파이나 5G 같은 것이 모두 무선 네트워크입니다. 와이파이와 5G의 차이는 간단히 말하면 거리의 차이로 볼 수 있습니다. 와이파이는 근거리 네트워크(Local Area Network), 5G는 광대역 네트워크(Wide Area Network)로 이해하시면 됩니다. 즉 집이나 건물 안에서는 와이파이, 집이나 건물과 멀리 떨어져 있을 때는 5G를 사용하게끔 기업은 설계하죠. 따라서 와이파이와 5G는 서로 보완하며 사용자의 인터넷 사용을 도와주는 통신 시스템으로 이해하면 됩니다.

이 글을 읽는 여러분 중에는 이미 5G 스마트폰을 사용하고 계신 분도 계실 겁니다. 요금이 비싸고 제대로 속도가 나지 않는 등 문제가 많지만, 우리나라에서 세계 최초로 새로운 세대를 여는 네트워크를 시작했다는 것은 상상 이상의 큰 의미를 갖는답니다. 처음 시행을 하므로 전 세계 국가들이 따라 할 수 있는 네트워크 표준을 세울 수도 있고, 특허를 먼저 등록할 수도 있으며, 다른 나라에 노하우를 수출할 수도 있습니다. 사용자의 5G 네트워크 데이터를 분석하면 어떤 서비스가 필요할지 가장 먼저 알 수도 있겠죠.

▷ 3G는 아이폰, 4G는 넷플릭스, 5G는 무엇을 만들까?

우리가 5G를 실제로 처음 접한 것은 2018년 2월에 열렸던 평창 동계 올림픽입니다. 평창 동계 올림픽이 보여 준 첨단 기술을 꼽자면 사물 인터넷, 인공지능, 가상현실 등을 들 수 있는데, 이 모든 것을 가능하게 한 것이 바로 5G입니다. 5G는 기반 기술로서 다른 기술이 원활하게 운영될 수 있게 하는 역할을 하는 것이죠.

여러분은 혹시 개막식에서 밝게 빛났던 비둘기를 기억하시는지요? 이 비둘기는 1,200명의 평창 주민들이 들고 있던 LED 촛불로 만든 것이었습니다. LED 비둘기를 만들기 위해서는 해결해야 할 문제가 있었는데 1,200개의 LED를 동시에 점등과 소등시키는 것이었습니다. 만일 이것을 개인이 했다면 정확하게 켜고 끄는 데 문제가 있을 수밖에 없었겠죠? 그래서 사용한 것이 5G였습니다. 5G 태블릿으로 LED 촛불의 밝기와 점멸을 무선으로 실시간 중앙 제어할 수 있도록 애플리케이션과 시스템을 준비함으로써 아름다운 공연을 만든 1등 공신이 된 것입니다.

평창 동계 올림픽에서 5G 네트워크를 활용한 LED 비둘기

5G는 국제 전기 통신 연합에서 채택한 '5세대 이동 통신'이라는 뜻으로, 공식 명칭은 'IMT(International Mobile Telecommunications)-2020'입니다. 5G는 최대 다운로드 속도가 20Gbps, 최저 다운로드 속도는 100Mbps인 이동 통신 기술로, 1km² 반경 안의 100만 개 기기에 사물 인터넷 서비스를 제공할 수 있습니다.

5G에서는 데이터 송수신 과정에서 발생하는 지연 시간이 1ms(1,000분의 1초)에 불과하고, 시속 500km의 이동 속도를 보장해야 하는 까다로운 조건이 충족되어야 합니다. KTX의 최고 속도가 시속 300km이니 5G 통신을 사용할 수 있겠네요. 이

스마트시티, 자율주행차, 가상현실 등은 모두 5G가 전제(그림 7)

렇게 5G의 특징은 단지 속도에 있는 것이 아니라 사물 인터넷 서비스를 사용할 수 있게 다수의 기기를 동시에 사용해도 지연이 없어야 하고, 빠른 교통수단에서도 안정적이어야 합니다.

5G를 더 쉽게 설명하면, 현재 제공되는 서비스인 LTE보다 20배 이상 빠르고, 끊김 없이 많은 기기를 연결할 수 있는 특징을 갖습니다. 현재보다 데이터 양이 4배 이상 많은 초고화질 영화도 단 0.5초 만에 다운로드받을 수 있고, 지연 속도가 낮기 때문에 자율주행이나 원격 의료 등 무지연 네트워크를 필요로 하는 서비스의 기반이 됩니다. 여러분은 4차 산업혁명이란 용어를 많이 들어봤을 겁니다. 4차 산업혁명을 이루는 기술 중에 가장 중요한 것 하나만 꼽으라면 단연코 5G입니다. 5G는 4차 산업혁

명을 가져오는 근간입니다. 모든 서비스의 핵심 기반이죠. 증기 기관과 전기가 1, 2차 산업혁명을 가져온 핵심 인프라였다면, 4차 산업혁명의 핵심 인프라가 바로 5G입니다.

앞으로 우리가 경험할 스마트시티, 자율주행차, 가상현실 등 우리가 상상하는 미래의 혁신 기술은 모두 5G를 전제로 합니다. 3G로 인해 스마트폰이 가능해졌고, 4G로 인해 유튜브와 같은 OTT 서비스가 가능해진 것처럼, 5G 역시 우리가 전혀 상상하지 못한 새로운 경험을 만드는 서비스를 가능하게 할 것입니다. 3G가 스마트폰을 만드는 애플과 삼성을, 그리고 4G가 유튜브와 넷플릭스를 글로벌 기업으로 만들었듯이, 5G 역시 새로운 글로벌 기업을 만드는 기반이 될 것입니다.

▷ 치열한 미디어 플랫폼 경쟁에 행복한 시청자

방송국에서 영상을 제작해서 시청자가 보기까지 그 과정이 꽤나 복잡합니다. 지상파 방송은 방송 신호를 송출하는 안테나를 지상에 세워 전파를 송출하고, 이를 수신하는 안테나 역시 지붕과 같은 지상에 세워 전파를 수신한다고 해서 붙여진 이름입니다. 하지만, 이렇게 안테나로 직접 수신해서 방송을 보는 가정은 4~5%밖에 안 됩니다. 무료 보편적 서비스라는 말이 무색하게 시청자의 외면을 받게 된 것이죠. 여러분들이 집에서 보는 대부분의 방송은 IPTV입니다. 이것은 방송용 전파가 아닌 앞서 소개한 네트워크를 통해 스트리밍 방식으로 콘텐츠를 제공하는 것입니다. 즉 인터넷망을 이용하여 다양한 멀티미디어 콘텐츠를 전송하는 것입니다.

인터넷망을 이용한다는 것은 여러분이 스마트폰으로 하는 모든 것을 IPTV에서도 할 수 있다는 의미입니다. 실시간 방송 콘텐츠를 양방향으로 이용할 수도 있죠. 즉 일방적으로 방송사에서 보내는 콘텐츠만 받아서 보는 시청자로 머무는 것이 아니라 내가 반응을 하고 소통을 하는 사용자로 상호 작용을 할 수 있게 되는 것이죠. 주문형 비디오(Video On Demand: VOD)를 보니 본방 사수는 잊어도 됩니다. 유튜브나 넷플릭스도 볼 수 있고, 홈 쇼핑 등 전자 상거래도 할 수 있습니다. 다양한 멀티미디어 콘텐츠를 제공하는 서비스라 할 수 있습니다. 이것은 모두 인터넷망을 이용했기 때문에 가능합니다.

이러한 것을 플랫폼이라고 부릅니다. 간단하게 말해서 플랫폼은 콘텐츠를 담는 그릇입니다. 어떤 그릇을 통해서 콘텐츠를 즐길까요? 전 세계는 지금 플랫폼 경쟁을 하고 있습니다. 모바일 기기와 TV 수상기의 경쟁. 웨이브와 넷플릭스의 경쟁. 지상파와 IPTV의 경쟁 등, 너무나 많아진 플랫폼으로 인해서 사용자는 행복한 비명을 지릅니다. 미래의 방송 산업은 어떤 플랫폼이 우위에 있을까요?

달리 말하면 독자 여러분은 영상을 볼 때 무엇으로 보는 것이 가장 좋나요? 물론 꼭 하나일 필요는 없죠. 때와 장소에 따라 달라질 수도 있고, 콘텐츠에 따라 달라질 수도 있습니다. 그러나 중요한 것은 결국 살아남는 플랫폼은 많지 않을 것입니다. 여러분의 꿈을 이루기 위해 선택해야 하는 기업이 KBS나 CJ ENM이 아닌 해외 기업이 될 확률도 높습니다. 따라서 여러분이 준비해야 하는 과정이 지난 세대와는 많이 달라질 것입니다.

▷ 초연결 시대, 청소년이 주인공

5G와 방송이 결합한 역사적인 사건이 있었습니다. 골프는 18홀로 구성된 한 라운드에서 가장 적은 타수로 라운드를 마친 선수가 이기는 경기입니다. 골프장의 크기는 90만㎡ 정도인데, 축구장 넓이가 7,140㎡ 정도 되니 골프장이 얼마나 넓은지 상상이 될 것입니다. 보통 골프 경기를 촬영하기 위해서는 최소한 20대가 넘는 카메라가 필요합니다.

골프 중계는 매우 어렵습니다. 그 넓은 곳에 많은 카메라를 설치한 후에, 카메라에 찍힌 영상을 유선으로 중계차에 보내고, 중계차는 다시 방송국에 송출해서, 시청자는 실시간으로 중계 영상을 볼 수 있죠. 그런데 이 과정에서 어려운 일이 있습니다. 카메라에서 찍은 영상을 중계차에 보내기 위해 방송 케이블을 까는데, 이 길이가 자그마치 40km가 넘습니다. 말이 40km지 생각해 보면 얼마나 많은 사람이 케이블을 깔고, 제대로 깔았는지 테스트를 해야 하는지, 설치하는 시간과 인력이 만만치 않겠죠. 게다가 케이블로 연결되었으니 모든 카메라는 고정되어 있습니다.

이런 골프 중계에 5G 무선망을 이용한 중계방송이 2019년 5월에 SKT에 의해 세계 최초로 진행됐습니다. JTBC 골프 방송은 22대의 카메라를 동원해 실시간 중계를 했는데, 이 가운데 세 개의 홀에서 총 7대의 카메라로 5G 네트워크를 이용한 중계를 한 것입니다. 생중계를 위해서는 방송용 케이블과 중계차가 필수이지만, 무선 네트워크를 이용했기 때문에 케이블도 필요 없고, 중계차도 필요 없었습니다. 5G 무선 모뎀을 장착한 카메라가 현장에서 촬영을 하면, 영상이 직접 방송국으로 전송되어 케이블도 중계차도 필요 없게 되는 것이죠.

녹화 중계야 아무 문제 없지만, 생중계는 영상을 실시간 전송해야 하므로 영상이 끊기지 않게 만반의 준비를 해야 합니다. 그래서 안전한 유선망을 이용해 왔던 것이죠. 따라서 이번 골프 중계처럼 촬영과 녹화가 동시에 되는 ENG 카메라를 메고 이동을 하며 촬영할 수 있다면, 생중계 야외 촬영의 패러다임이 완전히 달라질 것입니다. 카메라맨이 카메라를 메고 선수의 뒤를 쫓아가면서 촬영을 할 수도 있고, 인터뷰도 할 수 있겠죠. 이제까지 볼 수 없었던 카메라 앵글도 시도할 수 있을 것입니다. 피사체에 가까이 붙어서 촬영을 할 수 있다는 것은 큰 장점입니다. 이 장점을 어떻게 살릴 수 있는가의 여부가 PD의 중요한 역

유선 카메라 ➡ 케이블 ➡ 중계차 ➡ 방송국 ➡ 시청자

5G 무선 카메라 ➡ 방송국 ➡ 시청자

5G를 이용한 골프 생중계 과정(그림 8)

량으로 평가될 것입니다. 스포츠, 뉴스 등 야외 생중계 방송이 어떻게 변화할지 흥미진진합니다.

　무선 네트워크가 5G로 발전한다는 것은 인터넷이 발생시킨 혁명에 비견할 수 있습니다. 인터넷이 시간과 공간을 초월한 정보의 교류를 가능하게 했다면, 5G는 사람과 사람, 사람과 사물을 넘어 사물과 사물을 연결하는 모든 것이 연결된 세상을 가능하게 만듭니다. 한마디로 '연결'의 시대를 넘어 '초연결(hyperconnectivity)'의 시대가 오는 것입니다.

다양한 각도에서 실시간으로 공연 생중계를 가능하게 하는 5G

우리나라 무선 이동 통신의 역사

무선 네트워크는 현재 5G까지 나와 있습니다. 여기에서 말하는 G는 제너레이션(generation), 즉 세대를 말합니다. 그럼 무선 네트워크의 역사를 1세대부터 간단하게 알아볼까요?

무선 네트워크 1G 통신은 1980년대 나온 기술로 아날로그 방식의 음성 통화 위주의 통신 기술입니다. 최고 전송 속도가 14.4Kbps밖에 안 됐으니, 1GB 동영상 한 편을 다운로드하는 것이 불가능할 정도였죠. 1990년대에 나온 2G는 디지털 방식으로 음성에 더해 문자까지 주고받을 수 있게 되었는데, 디지털 기술을 사용하여 1G가 가진 아날로그 방식의 문제점을 극복할 수 있었습니다. 2000년대에 들어서 3G 통신이 일반화되면서 드디어 영상 통화가 가능해졌습니다. 화상 통화, 동영상 스트리밍 서비스가 가능해진 것이죠. 하지만 3G 기술은 유선 인터넷 환경과 비교하면 많은 한계를 가지고 있었습니다. 1GB 동영상 한 편을 다운로드하기 위해서는 2~7일을 기다려야 하는 인내력이 필요했습니다. 현재 우리가 일반적으로 사용하고 있는 기술인, LTE라고 부르는 4G는 이러한 3G 기술의 한계를 극복합니다. 이때부터 속도의 혁신이 이루어져, 1GB 동영상 한 편을 다운로드하기 위해서 빠르면 10초, 늦어도 1분만 기다리면 됐죠. 그리고 드디어 2019년 4월 3일 23시에 우리나라는 세계 최초로 5G를 상용화한 국가가 됐습니다.

초연결이란?

모든 사람과 사물이 네트워크를 통해 연결된 것을 의미합니다. 4차 산업혁명이라는 용어를 널리 알려 유명해진, 세계경제포럼(World Economic Forum, WEF)에서 2012년에 초연결 사회와 관련된 위기 관리 필요성을 언급해서 잘 알려진 용어입니다. 소셜 미디어와 IT 디바이스의 발전으로 전 세계 사람들이 하나로 연결된 초연결 사회가 도래할 것이고, 이러한 사회에서는 사회 불안과 사이버 범죄 등이 발생하기 쉬우며, 개인 정보 보호, 투명성을 보장하는 사회 규범이 필요할 것임을 강조했습니다.

초연결이 가져올 세상은 우리의 상상력을 뛰어넘을 것입니다. 이제까지 한 번도 경험해 보지 못한 미증유의 길을 가게 되는 것이죠. 5G 네트워크가 깔리고 나면, 그 네트워크를 통해 무엇이 전달될까요? 어떤 콘텐츠가 5G 네트워크의 킬러 콘텐츠가 될까요? 클라우드 게임? OTT? 아니면 가상현실? 5G 네트워크가 깔린 세상은 만들어진 사회가 아닌, 만들어 갈 사회가 될 것입니다. 그리고 무엇을 어떻게 만들 것인가는 바로 여러분이 결정해야 합니다. 인간을 이해하고, 기술을 이해하면 비즈니스가 보입니다. 인간과 기술을 이해한 바로 여러분이 제2의 저커버그(Mark Zuckerberg, 페이스북 설립자)와 베조스(Jeffrey Bezos, 아마존 설립자)가 될 것을 확신합니다.

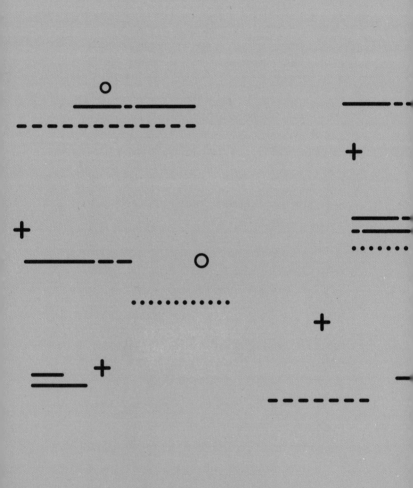

PART 2

웰컴 투
콘텐츠
월드

고객 감동,
맞춤형 미디어 시장

▶ 콘텐츠만이 전부는 아니다

BTS의 공연이 전 세계 곳곳에서 열리고 있습니다. BTS의 팬은 잘 알겠지만, 외국에서 하는 공연도 비용만 내면 내 방에서 스마트폰으로 볼 수 있죠. 네이버의 브이 라이브(V-Live)가 2019년 6월 2일 독점 생중계한 BTS의 영국 웸블리 스타디움 공연은 생중계를 보기 위해 3만 3천 원을 내야 했는데도 최다 동시 접속자 수가 무려 14만 명에 이르렀고, 10월 12일 사우디 아라비아 공연, 10월 26일과 27일 잠실 공연은 온라인과 전 세계 극장에서 라이브로 볼 수 있었습니다.

1973년 1월 14일 미국 NBC 방송사가 세계 최초로 엘비스 프레슬리(Elvis Presley)의 라이브 공연을 전 세계에 전송한 이래로, 디지털 기술의 발달은 진보를 거듭하며 이제는 개인이 원하는 방송을 다양한 기기를 통해서 언제 어디서나 볼 수 있는 상황이 됐습니다.

생태계(ecosystem)라는 용어가 있습니다. 생명체와 생명체가 살고 있는 환경을 의미하는데, 이 용어가 포괄하는 범위는 매우 넓습니다. 생명체는 생태계를 구성하는 다양한 구성 요소와 복잡한 관계 중 그 어느 하나라도 제대로 작동하지 못하면 살아남을 수 없기에 건강한 생태계를 유지하는 것은 중요합니

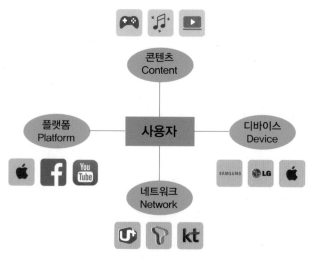

미디어 산업을 구성하는 생태계 C-P-N-D(그림 9)

다. 이러한 의미로 인해서 생태계는 생물학을 벗어나 다양한 분야에서 사용되고 있습니다. 미디어 산업 역시 생태계를 이루고 있습니다. 이 생태계는 크게 네 개의 산업으로 분류합니다. 바로 콘텐츠(Content), 플랫폼(Platform), 네트워크(Network), 디바이스(Device)가 그 주인공입니다.

그중에서 핵심은 역시 콘텐츠입니다. 앞에서 얘기한 BTS의 라이브 공연을 다시 생각해 보죠. BTS의 라이브 공연이 바로 콘텐츠입니다. 그런데 우리는 이 공연을 바로 P, N, D가 있기 때문에 볼 수 있습니다.

BTS 공연은 네이버의 브이 라이브에서 볼 수 있었죠. 이것이 플랫폼입니다. 그러면 이런 서비스만 있으면 끝인가요? 아닙니다. 지상파 방송을 보기 위해서는 안테나가 있어야 하고, 유료 채널인 케이블 방송 또는 IPTV에 가입해야 합니다. 이때 전파나 케이블, 인터넷을 네트워크라고 합니다. KT, LGU+, SKT 등이 네트워크 회사입니다. 여러분이 BTS 공연을 스마트폰으로 보거나 컴퓨터로 보았다면, 와이파이나 LTE와 같은 통신망을 통해 본 것이죠. 마지막으로 이 콘텐츠를 볼 수 있는 TV나 모니터, 스마트폰이 필요하겠죠. 이것이 디바이스입니다. 삼성전자나 LG전자, 애플이나 샤오미가 여기에 속합니다.

여러분이 이제까지 콘텐츠만 즐기다 보니, 이러한 산업 생태계와 여러분과는 별로 관계가 없을 것 같다고 생각하지만, 미디어 산업 생태계는 여러분의 미래와 연관되는 매우 중요한 개념입니다.

여러분의 미래를 결정하는 데 가장 많은 영향을 끼치는 존재는 무엇일까요? 여러분의 부모님이나 선생님일까요? 아니면 미디어를 통해 보는 콘텐츠일까요? 결국 여러분이 이해하는 세상은 직접 접촉하는 대상으로는 부모님과 친구 또는 선생님 등 주변 사람들을 벗어나지 못하고, 대부분의 정보는 책이나 TV, 인터넷을 통해 보는 콘텐츠로 얻은 것입니다. 그러다 보니 세상을 이해하는 패러다임이 노출되는 콘텐츠를 벗어나지 못하게 되죠.

쉽게 설명해 보겠습니다. 제가 미디어커뮤니케이션학부 입학사정관을 5년 정도 하다 보니, 수시 전형 지원생들에게 공통된 점을 발견했습니다. 기자를 꿈꾸는 학생은 손석희, PD를 꿈꾸는 학생은 나영석과 김태호, 광고 전문가가 되고 싶은 학생은 이제석 님과 같은 사람이 되고 싶다고 천편일률적으로 대답합니다. 그리고 2018년 정도부터는 서서히 유튜버와 같은 1인 미디어 크리에이터가 되고 싶다는 학생이 눈에 띄기 시작했습니다. 어느 누구도 플랫폼이나 네트워크, 디바이스의 중요성을 얘기하는 학생이 없었습니다. 즉 CPND 가운데 일상적으로 노출하는 콘텐츠만이 10대들의 머릿속에 존재하는 것이죠.

만일 유튜브나 넷플릭스와 같은 플랫폼의 중요성을 알았다면, 또는 모바일의 미래는 결국 디바이스의 중요성에 달려 있다는 것을 알았다면, 콘텐츠 말고도 미디어 영역에서 할 수 있는 것이 많다는 것을 예상할 수 있을 것입니다.

미디어 생태계는 늘 꿈틀거립니다. CPND라는 생태계의 큰 틀도 변화하지만, 그 안에 있는 구성 요소는 늘 변화합니다. 한때는 TV가 콘텐츠를 소비하는 가장 중요한 미디어였다면, 이제는 모바일 기기일 것입니다. 여러분이 좋아하는 스마트폰 시장은 1년 주기로 신제품이 쏟아지니, 기업의 입장에서는 늘 긴장의 연속입니다.

▷ 미디어의 환경 변화, 소비자에서 사용자로

여러분의 미디어 이용 모습을 분석해 볼까요? 여러분은 유튜브를 보면서 어떤 행동을 하나요? 한 번 클릭해서 영상이 나오면 그 영상이 끝날 때까지 가만히 보고만 있나요? 아니면 재미없는 부분은 스킵하고, 다른 영상을 찾아서 보고, 때로는 댓글도 달고, 카톡으로 친구에게 공유도 하나요?

미디어에 관심이 많은 여러분은 앞으로 사용자라는 용어에 익숙해야 합니다. 시청자는 단지 시청하는 사람이라는 의미에 머무르지만, 사용자는 더 적극적이고 능동적인 의미가 있습니다. 그래서 디지털 환경에서 미디어 소비자를 의미할 때는 사용자라는 표현이 더 적절한 경우가 대부분입니다.

미디어 환경이 변화한다고 하는데 대체 어떻게 변화하고 있을까요? 저는 새로운 미디어 환경의 변화를, 네 개의 특징으로 정리합니다. 첫째는 미디어 파편화(fragmentation), 둘째는 미디어 양극화(polarization), 셋째는 미디어 맞춤형(customization) 그리고 마지막으로 미디어 개인화(personalization)입니다. 이제 이 네 개의 특징이 무엇인지 알아보겠습니다.

먼저 미디어 파편화란 특정 미디어나 채널에 집중되었던 시청 형태가 다른 미디어와 채널로 흩어지는 현상을 말합니다. 1990년대만 해도 우리나라는 지상파 방송이 전부였습니다. 하지만 지금은 TV 외에 여러분이 즐겨 보는 스트리밍 서비스, OTT 서비스, VOD 등 볼 수 있는 경로가 다양해졌고 채널도 많아졌죠.

파편화는 디지털이 만든 현상입니다. 미디어 환경이 파편화되면, 사용자는 각자 자신의 관심사에 따라 다양한 미디어와 채널로 흩어지겠죠. 이렇게 파편화된 사용자는 시간이 지남에 따라 자연스럽게 특정 미디어와 채널을 주로 이용하지 않을까요? 유튜브의 예를 들어 보겠습니다. 유튜브 안에는 셀 수도 없이 많은 채널이 있지만, 구독하는 채널만 주로 보죠. 그러다가 괜찮은 채널을 발견하면 그 채널을 구독하고, 구독했던 채널 중에는 안 보는 채널이 생기게 됩니다. 이처럼 우리가 사용할 수 있는 미디어 이용 시간은 제한적이기 때문에 새로운 미디어나 채널이 생긴다고 해서 그것을 이용하는 시간이 무한정 늘어나지 않습니다. 즉, 하나의 미디어 또는 채널의 이용량이 늘어나면 상대적으로 다른 미디어 또는 채널의 이용이 줄어든다는 것입니다. 커뮤니케이션학에서는 이러한 현상을 미디어 대체 가설(Media Substitution Hypothesis)로 설명합니다.

이러한 현상이 지속되면 미디어 이용 행태는 양극화된 결과를 가져옵니다. 양극화란 사용자들이 일련의 미디어 콘텐츠를 이용하거나 회피하는 극단적인 이동 현상을 의미합니다. 시사에 관심이 있는 사람은 뉴스 채널에, 야구나 축구를 좋아하는 사람은 스포츠 채널에, 먹방이나 게임을 좋아하는 사람은 유튜브의 먹방과 게임 채널에 고정되어 있는 것이죠.

IPTV 채널을 이리저리 돌려 보면 누가 이런 것을 볼까 싶은 채널이 있습니다. 바둑을 두지 않는 사람은 바둑 채널을 누가 볼까 싶고, 낚시를 하지 않는 사람은 낚시 채널이 왜 있는지 의아해합니다. 하지만 이런 채널들은 예상과 달리 장사가 잘된답니다. 그것은 충성도 높은 팬을 확보하고 있기 때문입니다. 당구장에 가면 하루 종일 당구 채널만 틀어 놓고 있고, 골프 채널은 값비싼 제품 광고가 넘칩니다. 어떠한 비즈니스도 같습니다만, 충성도가 높은 고객은 기업에게는 든든한 자산입니다. 채널 선택이 다양화되지만, 역설적으로 사용자는 채널을 극단적으로 선택하게 됩니다.

양극화의 좋은 사례를 넷플릭스를 통해 찾아볼 수 있습니다. 넷플릭스는 자체 제작 프로그램이나 과거에 방송한 프로그램을 출시할 때, 시즌 전체 에피소드를 한 번에 공개합니다. 한 편을 보고 하루나 일주일을 기다린 후에 다음 편을 볼 수 있는 기존의 시청 행태와 비교해 보면 파격적이죠. 넷플릭스는 사용자가 자신이 좋아하는 콘텐츠를 극단적으로 집중하고 '몰아 보는' 양극화 현상을 간파한 것입니다. 저는 편당 24분인 〈원펀맨〉 12부작을 하루에 다 봤고, 〈기묘한 이야기〉를 비롯해서 많은 드라마를 시즌이 새로 시작하는 주에 몰아서 보곤 했습니다. 이제는 찔끔찔끔 한 편씩 봐야 하는 것이 더 불편해진 상황이 될 정도입니다.

파편화와 양극화가 사용자의 특징이라면, 맞춤형과 개인화는 미디어 제작 방식의 특징입니다. 시청자가 파편화되고 양극화되기 때문에 콘텐츠를 전하는 플랫폼이나 채널은 사용자를 잡아 두기 위해 사용자에 특화된 콘텐츠를 제공하려고 합니다. 가령 빅데이터 분석을 통해 사용자 취향을 발견하고 이에 적합한 프로그램을 제공하는 것이죠. 유튜브에서 영상을 보고 나면 유사한 주제의 영상을 추천해 주거나, 넷플릭스가 사용자 취향에 맞춰 자체 제작하는 많은 프로그램이 좋은 예입니다.

맞춤형은 사용자가 자신의 목적에 맞게 자신의 의도에 따라 대상물을 마음대로 이용할 수 있게 도움을 주는 서비스를 말

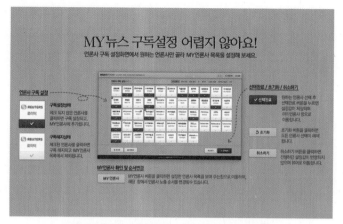

사용자에게 선택의 권리를 주는 네이버 뉴스 스탠드(그림 10)

합니다. 사용자가 자신이 원하는 정보 또는 서비스가 무엇인지 요구하는 과정이라고 할 수 있죠. 가장 좋은 예는 인터랙티비티 (interactivity), 즉 상호 작용성입니다. Part 3에서 설명할 상호 작용성은 시청자를 사용자로 만드는 대표적 속성입니다. 즉 선택 권한을 주는 것이죠. 스토리 라인을 두 가지 제시하여 내가 원하는 스토리를 만들 수 있게 하는 것입니다. 또는 네이버의 첫 화면에서 제공하는 뉴스 스탠드 역시 좋은 예입니다. 수많은 언론사 중에서 내가 보고 싶은 언론사를 선택할 수 있게 사용자에게 선택의 권리를 주는 것이죠.

마지막으로 개인화는 나를 위한 콘텐츠를 알아서 제공해 주는 서비스를 의미합니다. 내가 일일이 조작하지 않아도 내가 원하는 콘텐츠를 추천합니다. 개인화 서비스는 궁극적으로 빅데이터와 인공지능 기술을 통해서 완성될 것입니다. 내가 좋아하는 콘텐츠에 지속적으로 노출된다면, 그리고 충분한 데이터가 쌓인다면 인공지능은 최적 알고리즘을 통해 내가 좋아하는 콘텐츠를 제공할 것입니다.

넷플릭스는 리모컨을 사용하는 모든 행동 데이터를 수집하고 분석합니다. 재생하고 건너뛰며 시청을 중단하는 사용자의 행태를 분석하죠. 또 동영상에 수백 개의 태그를 저장해 시청자가 가장 좋아할 만한 동영상을 추천합니다. 사용자가 즐겨 보는 영상과 건너뛰고 중단한 영상 등을 분석할 뿐만 아니라 '#가을, #밤, #이슬비, #공포, #연인'처럼 동영상을 분석한 태그를 통해서 개인의 시간과 공간 그리고 시청 환경을 고려한 영상을 추천합니다. 넷플릭스가 추천한 콘텐츠를 시청하는 비율이 75%에 이른다고 하니, 맞춤형 정보 제공의 위력을 짐작할 수 있겠죠?

▷ 똑똑한 사용자를 위한 맞춤형 콘텐츠 배달

앞서 5G와 같은 네트워크 혁명에 의해 콘텐츠의 형식뿐만 아니라, 디바이스, 플랫폼 등 미디어 생태계에도 많은 변화가 있을 것으로 예상했습니다. 그렇다면 제작의 측면에서 방송은 어떻게 변화할까요? 너무 먼 미래는 의미가 없으니 2025년의 방송 서비스의 변화를 예상해 볼까요?

무엇보다도 가장 큰 변화는 개인화된 주문형 스트리밍 서비스를 더 많이 제공할 것입니다. 즉 언제 어디서든 사용자가 원하는 기기를 통해 원하는 방송 콘텐츠를 시청한다는 의미입니다. 게다가 내가 좋아하는 영상을 선택해서 볼 수 있는 환경이 OTT로 인해 만들어졌습니다. 버스나 지하철에서 마치 다운로드하지 않고 음악을 듣듯이 스트리밍으로 보는 시청 경향이 점점 더 확대될 것입니다.

또한 지상파나 종편과 같이 뉴스, 예능, 스포츠, 드라마 등 다양한 프로그램 편성을 하는 뷔페식당과 같은 채널은 인기가 없는 반면, 스포츠나 음악, 게임, 뉴스 등 특정 장르 전용 채널의 선택적 소비가 지속될 것입니다. 각 채널의 시청률은 떨어지겠지만, 특정 장르 선호자를 대상으로 하는 채널이 다양화되겠죠.

미래에도 여전히 본방 사수가 중요한 장르가 있는데, 바로 스포츠와 뉴스입니다. 이러한 프로그램은 앞으로도 현재와 같은 지상파나 종편을 통해 보편적으로 소비될 것입니다.

한편 광고는 개인화 광고로 전환될 것입니다. 개별 시청자에게 정확히 타깃(target)이 이루어지는 광고가 된다는 의미입니다. 방송과 광고는 떼려야 뗄 수 없는 관계라는 것은 잘 아시죠? 결국 광고비로 방송이 만들어지기 때문에 시청률, 또는 최근에는 온라인에서의 시청자 반응을 계산하여 화제성 지수에 따라 광고를 하려는 기업이 많아지고, 또한 더 높은 광고비를 받을 수 있는 거죠.

그런데 이제까지 방송 광고는 한마디로 슛 앤드 프레이 (Shoot and Pray)였습니다. 광고를 내보낸 후에 '제발 광고 효과 가 있게 해 주세요' 하고 기도한다는 의미죠. 광고 전에 잠재적 시청자의 특징을, 그리고 광고 중 시청자의 반응을 알 수 있는 측정 지표가 없었기 때문에 광고 후 기도하는 것 외에는 할 수 있는 일이 없다는 의미입니다.

빅데이터 시대에 이렇게 광고를 한다는 게 믿어지지 않죠? 그래서 최근에는 어드레서블 TV 광고(addressable TV ad)가 적 용되고 있습니다.

어드레서블 TV 광고는 시청자를 분석하고, 분석 결과에 따 라 시청자에 적합한 광고를 내보내는 것을 말합니다. 똑같은 방

시청자를 아는 어드레서블 TV 광고는 광고를 넘 어 정보가 될 수 도 있습니다.

송 프로그램을 봐도 내가 보는 광고와 옆집 에서 보는 광고가 다르다는 의미입니다. 인 터넷이 연결된 TV를 본다면 사용자에 대한 분석을 할 수 있고 이를 바탕으로 최적화된 광고를 내보낼 수 있다는 것이죠.

이미 미국에서는 2015년부터 어드레서블 TV 광고 효과가 소개되기 시작했는데, 우리나라에서는 2019년 10월 1일에 비 로소 SBS 플러스 등에서 서비스하기 시작했습니다. SK브로드 밴드와 SBS가 협업을 통해 상용화 테스트를 한 것이죠. 같은

시청자를 분석하여 적합한 광고를 송출하는 어드레서블 TV 광고(그림 11)

시간에 SBS 플러스 채널(SBS 플러스, SBS funE)을 시청하고 있는 고객 중 자동차에 관심이 많은 가구에는 자동차 광고, 어린이가 있는 가구에는 어린이용품 광고를 내보내는 식으로 SK브로드밴드 고객의 지역과 라이프스타일 취향 등을 분석해 고객을 분류하고, 이에 맞는 광고를 내보는 것입니다.

사용자에게는 유용한 광고가 나오니 좋고, 광고주는 원하는 사용자를 콕 짚어서 광고를 하니 좋으며, 이에 따라 방송국은 더 많은 광고를 비싸게 팔 수 있어 좋으니 앞으로 더 활성화될 것이라는 데 의심의 여지가 없겠죠. 미디어나 광고에 관심이 많은 친구는 어드레서블 TV 광고를 통해 어떤 교훈을 얻을 수 있을지 잘 생각해 보기 바랍니다. 광고를 찍는 것도 중요하지만,

잠재적 소비자에게 광고를 어떻게 전달할 것인가도 광고 전문가를 꿈꾸는 여러분이 할 수 있는 일임을 기억하기 바랍니다.

▶ TV가 우리의 움직임을 엿보고 있다

사용자 측면을 보면, 특정 프로그램의 앱을 통한 소비도 일반화될 것입니다. 집에서 TV를 보다가 밖에 나가서는 스마트폰으로, 카페에서는 노트북이나 아이패드로 내가 보는 방송을 끊김 없이 볼 수 있는 거죠. 이러한 것을 N 스크린이라고 합니다. 수학에서 미지수를 나타내는 'N'을 사용해서 여러 개의 화면을 통해 콘텐츠를 제공하는 서비스를 말합니다. 유튜브와 넷플릭스 사용자는 잘 알겠지만, 집에서 TV로 보다가 스마트폰이나

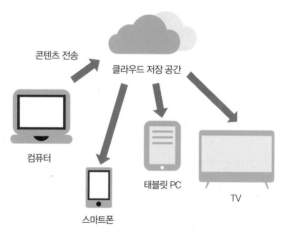

우리의 일상이 디스플레이에서 벗어날 수 없음을 강조하는 N 스크린(그림 12)

인공지능 스피커와의 커뮤니케이션이 정확해지면 리모콘은 사라질 것(그림 13)

PC로 넷플릭스를 보면 이전에 보았던 영상에서 다시 시작하게 되죠. 디바이스를 넘나들며, 자신이 원할 때, 언제 어디서든, 어떠한 미디어를 통해서든 방송을 볼 수 있는 환경이 그리 머지않은 미래에 일어날 것입니다.

이미 경험한 독자도 있겠지만, 인공지능 스피커의 쓰임새도 늘어날 것입니다. 스피커와의 커뮤니케이션이 정확해지면 굳이 우리의 손을 이용해서 입력을 하지 않아도 되겠죠. 인공지능 스피커를 갖고 있지 않다면 스마트폰을 생각해도 됩니다. 예를 들어 지금은 메시지를 보낼 일이 있으면, 대부분 타자기를 사용합니다. 그런데 2019년부터 특히 안드로이드 폰의 한글 음성 입력 정확도가 무척 높아졌습니다. 말로 저장을 한 후에, 반점이나

온점, 느낌표 등과 같은 표시만 할 뿐 오탈자 수정은 거의 하지 않아도 될 정도입니다. 인공지능 스피커나 스마트폰이 이러한 입력 도구의 역할을 할 수 있다면, 결국 리모컨은 사라질 것입니다. 인공지능 스피커와 TV를 연결한 후 리모컨으로 작동하듯이 말로 명령을 내리는 거죠. "M-net 틀어 줘", "볼륨을 40%로 해 줘", "한 시간 후에 TV를 꺼 줘". 이렇게 말입니다.

물론 이와 같은 기능을 TV가 직접 할 수도 있습니다. 여러분은 혹시 마이크로소프트의 키넥트(Kinect)를 아시나요? 콘솔 게임기 엑스박스 360에 연결하여 사용되는 음성 및 동작 인식 하드웨어 소프트웨어 패키지인데, 이것은 피사체의 움직임뿐만 아니라 표정, 손동작, 인원수, 음성까지 인식할 수 있습니다. 즉 사용자의 움직임을 파악할 수 있다는 것입니다.

여기에 더해 시선 추적기(eye-tracker)를 달아 우리의 눈동자 움직임을 파악할 수도 있습니다. 만약 TV가 사용자의 움직임도 파악할 수 있고, 눈동자도 파악할 수 있다면 여러분은 어떤 서비스를 만들고 싶은가요? 미디어의 영역은 점점 더 넓어집니다.

마지막으로 앞으로 세대 간 방송 시청 경향은 뚜렷한 차이를 보일 것입니다. 지금 설명한 대부분의 현상은 현재 30대, 조금 더 확대한다면 40대 초반 이하 층에서 보일 TV 이용 경향입니다. 40대 중반, 그리고 그 이상의 연령대에서는 여전히 사용자

사용자의 움직임을 파악하여 더 나은 서비스를 제공할 시선 추적기(그림 14)

의 역할보다는 시청자의 역할로 남을 확률이 높습니다.

이유는 간단합니다. 그들의 삶에서 방송의 역할이 그렇게 중요하지 않기 때문입니다. 지상파 방송이나 종편 방송에서 볼 수 있는 프로그램으로 충분한 것이죠. 오전에는 〈인간극장〉으로 시작해서 〈아침마당〉을 보고, 저녁에는 〈6시 내고향〉, 〈7시 뉴스〉, 8시부터는 드라마를 보는 패턴이 오랫동안 쌓여 왔습니다.

넷플릭스에 가서 원하는 콘텐츠를 찾아야 할 정도로 불편하지도 않고, 굳이 리모컨 외의 다른 기기도 필요하지 않습니다. 세대 간 방송 소비 패턴이 전혀 다른 양상을 보일 것을 예상한다면, 각 타깃층에 맞는 전략이 필요하겠죠. 콘텐츠 제작 외에도 여러분이 미디어 산업 분야에서 할 수 있는 일이 많다는 것을 기억하시기 바랍니다.

　이러한 이유로 지상파 방송이나 종편 채널이 없어지리라고 예측하지는 않습니다. 그러나 지난 몇 년간 그랬던 것처럼 미래에도 지속적으로 그 영향력은 현저하게 줄어들 것입니다. 아침 드라마의 시청률이 아무리 높아도 광고가 잘 붙지 않습니다. 반면, 화제성 있는 콘텐츠는 시청률과 상관없이 광고가 넘칩니다. 주 소비 세대인 젊은층을 타깃으로 하는 방송 산업의 미래는 그래서 여러분들을 주목합니다. 여러분은 어떤 사람일까요?

유선에서 무선으로 변화를 이끈 에어팟

음악을 듣는 이어폰이 유선에서 무선으로 바뀌고 있습니다. 이렇게 만든 일등 공신은 역시 애플의 에어팟(AirPods)이겠죠. 그런데 에어팟이 2016년에 처음 나왔을 때, 사람들의 반응은 최악이었습니다. 담배꽁초 같다고도 하고, 콩나물 같다고도 했습니다. 최악의 디자인이라고 하며, 죽은 스티브 잡스가 지하에서 울 것이라고 말한 평론가도 있었습니다. 그런 에어팟이 2019년에만 6천만 대를 팔아 7조 원(60억 달러)이 넘게 판매됐습니다(Eadicicco, 2019.12.24)[6]. 2018년에 비해 두 배가 넘게 팔렸고, 2020년 판매 역시 두 배 이상 될 것으로 예측합니다.

디바이스 영역에서 에어팟이 이어폰 시장을 송두리째 바꾸고 있다면, 플랫폼과 콘텐츠, 그리고 다른 디바이스 영역에서는 어떤 혁신이 일어나고 있을까요? 에어팟 사례는 여러분이 왜 CPND 각 영역에 더 관심을 두어야 하는지 잘 설명하고 있습니다. 틱톡은 유튜브처럼 큰 회사가 될 수 있을까요? 카카오톡이나 스냅챗은 페이스북이나 인스타그램을 넘어설 수 있을까요? 스마트폰의 크기와 생김새는 어떻게 변화할까요? 이 모든 것이 미디어에 관심이 많은 바로 여러분들이 할 수 있는 일입니다.

살아남기 위해서는
MZ세대를 공략하라

▷ 나는 MZ세대다!

미디어와 콘텐츠를 이용하는 데 세대 간 뚜렷한 구분이 있습니다. 미래의 미디어 산업을 이해하기 위해 세대별 특징을 알아볼까요? 세대마다 그 세대를 대표하는 호칭이 있습니다. 우리나라뿐만 아니라 전 세계에 걸쳐 시기는 약간 다르지만, 세대를 대표하는 호칭은 매우 비슷합니다.

세대를 대표하는 최초의 용어는 전후 세대입니다. 베이비 붐 세대(Baby Boomers)라고도 하죠. 전쟁으로 인해 가족과 동네 사람이 죽는 모습을 보고, 폐허가 된 마을을 본 생존자들은 어떤 생각을 했을까요? 본능적으로 가족의 소중함을 깨닫고, 경제적으로는 노동력을 필요로 하지 않았을까요? 이러한 생각이 출산율을 급격하게 증가시켰습니다. 우리나라에서는 전쟁 이후인 1955~69년에 태어난 사람을, 그리고 유럽과 미국의 경우는 세계 대전 이후인 1946~64년에 태어난 사람을 지칭합니다.

1970년대에는 산업화 시대를 거쳐 청소년 시절 풍요로움을 누린 첫 세대인 X세대가 등장했습니다. X세대는 기성세대와 확연하게 분리되는 세대로, '신세대', '신인류'로 불렸을 정도입니다. 정치적으로 자유롭고, 경제적으로 풍요로운 세대여서 그들의 젊은 시절은 큰 어려움이 없었습니다. 1997년에 외환 위기를 겪기 전까지는 말이죠. 외환 위기는 X세대의 인생을 바꾼 큰 사건이었습니다. 생존의 문제를 걱정해야 했기 때문이죠. 회사는 망하고, 가정은 해체되는 경험을 했습니다. 취업이 안 돼서 아르바

대한민국과 미국의 세대 구분(표3)

		베이비 붐 세대	X세대	밀레니얼(M) 세대	Z세대
시기	한국	1955~69년	1970~83년	1984~96년	1997~2010년
	미국	1946~64년	1965~80년	1981~96년	1997~2012년
특징		아날로그 중심, 세계 경제 호황, 고도 경제 성장	경제적인 풍요를 경험한 첫 세대, 자유롭고 개방적임	미 제너레이션, 학력 인플레, 저성장	디지털 네이티브, 현실 중시

*한국 : 대학 내일 20대 연구소(2019)[7], 미국 : Dimock(2019)[8]

이트로 끼니를 때워야 했습니다. 그래서 이들은 경제 문제에 관심이 많습니다.

밀레니얼 세대인 M세대는 디지털의 영향을 많이 받았습니다. 스마트폰과 소셜 미디어를 경험한 최초의 세대죠. 소셜 미디어는 자기표현 미디어입니다. 그래서인지 M세대는 자기표현이 분명합니다. 이러한 특징을 강조해서 미 제너레이션(Me Generation)이라 불리죠. 즉 나를 가장 중시합니다.

Z세대의 중요한 특징은 부모 세대가 X세대라는 점입니다. 이 점은 Z세대를 이해하는 데 매우 중요합니다. 처음으로 정치적 자유와 경제적 풍요를 경험한 부모님 세대였기 때문에 Z세대 자녀에게도 더 많은 자유와 풍요를 주었습니다. 어릴 때부터 손에는 스마트폰을 들고 사진과 영상을 찍었으며, 자신의 관심 분야를 유튜브로 찾곤 했습니다. 그러다 보니 자신이 좋아하는 분야와 그렇지 않은 분야의 구분이 분명합니다.

정보통신정책연구원의 보고서에 따르면(신지형, 2019.02.15)[9], MZ세대의 경우 모바일 기기의 이용 시간이 전체 미디어 기기의 이용 시간에서 차지하는 비율이 각각 43%와 44%로 전 세대에서 가장 높지만, TV 이용 시간은 각각 34%와 38% 정도에 그쳤습니다. 이러한 결과는 베이비 붐 세대의 모바일 기기 이용 비율이 23%, X세대가 35%, 그리고 TV 이용 비율이 각각 71%와 50%로 나타난 것에 비해 큰 차이를 보이는 결과입니다. 즉

| 베이비 붐 세대 | X세대 |
| 밀레니얼 세대 | Z세대 |

시대의 흐름의 따라 차이를 보이는 각 세대층(그림 15)

MZ세대가 모바일 기기 헤비 유저(heavy user)라는 점을 잘 나타내고 있습니다. MZ세대가 다른 세대와 구분되는 뚜렷한 특징입니다.

▶ BTS의 성공은 MZ세대의 작품

디지털에 강한 MZ세대는 디지털 콘텐츠의 생산과 소비가 자유롭습니다. 스마트폰으로 영상을 촬영하고, 간단한 편집도 합니다. 그리고 유튜브와 페이스북 그리고 틱톡으로 공유를 하죠. 해외에서는 스냅챗과 트위터를 통해 공유하기도 합니다. 이러한 특징을 잘 활용한 사례로 BTS를 들고 싶습니다.

BTS는 디지털 네이티브 세대를 잘 이해한 그룹입니다. 물론 그들 자신이 디지털 네이티브이기도 하죠. 그러나 그들은 다른 아이돌과 달리 신인 때부터 소셜 미디어를 통해 팬들과 직접 소통했습니다. 사실 이러한 소통의 배후에는 마이너 기획사의 한계를 극복하고자 하는 대안을 찾으려는 노력이 있었습니다.

여러분이 잘 알다시피, 우리나라의 대표적인 기획사는 JYP, SM, YG입니다. BTS가 신인으로 데뷔한 2013년만 해도 BTS가 속한 빅히트 엔터테인먼트 소속사는 2AM이나 옴므 정도의 아티스트만 알려져 있는 작은 기획사였습니다. 기획사가 작으면 소속사 아티스트는 방송을 할 수 있는 기회를 잡기가 힘듭니다. 소속사가 크면 막강한 소속사 파워로 소속사의 다른 유명 아티스트와 함께 묶어서 방송할 기회를 갖기도 하고, 마케팅을 통해 언론사와 방송사의 주목을 받기도 하며, 기획사의 두터운 팬덤층이 자발적으로 홍보를 해 주기도 하죠.

이러한 한계를 극복하고자 빅히트 엔터테인먼트는 직접 팬들과 소통하려고 했습니다. 방송을 통해서 소개되는 전략이 아니라, 기획사 또는 BTS 멤버 개인이 직접 촬영한 동영상을 인터넷 실시간 방송 서비스인 네이버의 브이 라이브와 유튜브 등에 올리면서 방송사의 역할을 했습니다. 게다가 실시간 채팅창에 BTS 멤버들이 직접 댓글을 달기도 했으니 팬들은 얼마나 기분이 좋았을까요? 데뷔 전부터 사진, 영상뿐만 아니라 자신들의 노래 등을 올린 BTS는 지금도 소셜 미디어를 통한 적극적인 소통을 하고 있습니다.

한편 국내 서비스 중에서는 브이 라이브가 MZ세대의 특징을 잘 파악한 것으로 보입니다. 브이 라이브는 네이버가 유튜브에 빼앗기는 동영상 시장을 잡기 위한 고육책으로 만든 서비스입니다. 그러나 유튜브를 이길 수 없다는 점을 깨달은 네이버는 스타와 실시간이라는 두 개의 키워드에 집중했습니다. 한류의 인기가 점점 커지는 상황에서, 국내뿐만 아니라 전 세계 팬들이 사용할 수 있는 '스타 라이브' 방송은 아티스트들에게도 팬들에게도 모두 좋은 미디어 채널이 됐습니다. 내가 좋아하는 스타가 자는 모습을 볼 수 있고, 마치 나와 밥을 먹는 것처럼 식사를 하기도 하고, 공연장 무대 뒤와 대기실에 있는 모습도 보여 주니 얼마나 짜릿할까요?

기술적으로도 브이 라이브는 중요한 원칙을 지켰습니다. 여러분이 스마트폰이나 컴퓨터로 영상을 보거나 게임을 할 때 제일 짜증 나는 것이 뭐였죠? 혹시 중간에 끊기는 것 아닐까요? 그래서 브이 라이브는 영상 품질이 고화질에서 저화질로 변하는 경우는 있어도 절대 끊어지지 않도록 만들었습니다. 이러한 것을 사용자 경험(User eXperience: UX)이라고 합니다. 사용자가 가장 행복한 경험을 할 수 있도록 만드는 것이죠. 앞으로 자세하게 설명하겠지만, UX의 중요성은 아무리 강조해도 지나치지 않습니다. 기술적으로 아무리 뛰어나다고 하더라도 사용자

끊임없는 분석을 통해 사용자 만족감을 극대화하는 콘텐츠(그림 16)

의 만족감을 극대화하지 못하면 그저 허울뿐입니다.

이러한 노력 때문이었을까요? 네이버의 발표 자료에 따르면, 2019년 5월 기준으로 브이 라이브에서는 K-POP 아이돌을 중심으로 천여 개의 채널이 운영되고 있고, 230개국에서 매달 3,000만 명의 이용자가 방문을 한다고 합니다. 이용자 중 24세 미만이 75%, 여성이 82%로 1020 여성이 주 사용자이며, 지난 3년간 유럽(649%), 아메리카(572%), 아프리카(1,177%)에서 폭발적 성장을 이루는 등 해외 사용자 비율이 85%에 이른다고 합니다. MZ세대를 타깃으로 하는 서비스의 대표적 성공 사례이죠.

▷ 가짜가 진짜 같은 확장현실(XR)의 시대

이번에는 조금 이상하게 들릴 만한 이야기로 시작하려고 합니다. 먼저 옆의 QR 코드를 찍어 동영상을 보시죠. 콘서트 영상입니다. 그런데 이상하죠? 콘서트인데 가수는 없고 만화 캐릭터만 무대에 있습니다. 만화 캐릭터가 노래를 부르네요. 청중으로 가득 차 있는데, 가수는

최신 홀로그램 디스플레이 기술을 총동원한 보컬로이드 하츠네 미쿠의 2019 콘서트

없이 만화 캐릭터가 노래를 부르고, 청중은 야광봉을 흔들며 그 노래를 따라 부르고 있습니다. 이것은 홀로그램 스타 하츠네 미쿠의 공연장입니다. 하츠네 미쿠는 2007년에 야마하가 만든 음성 합성 소프트웨어인 보컬로이드입니다. 이후 캐릭터로 만들어져 게임, 만화, 소설 등 다양한 콘텐츠에서 사용되고 있습니다. 158cm의 키에 42kg인 그녀는 영원한 16살로 존재합니다. 무엇보다 하츠네 미쿠가 전 세계적으로 알려진 계기는 2010년 일본에서 열린 홀로그램 공연 때문입니다.

사이버 가수인 하츠네 미쿠는 최신 홀로그램 디스플레이 기술을 총동원해 마치 실제 공연처럼 홀로그램 공연을 했습니다. 여러분이 동영상을 본 것처럼, 미쿠는 스크린에서 춤을 추고 노래를 부르며 공연합니다. 홀로그램 영상의 주인공이 바로 미쿠이고, 무대 양쪽에 있는 실제 밴드의 라이브 연주에 맞추어, 소프트웨어로 만든 보컬로이드 목소리로 공연을 하는 것입니다.

일부 팬들만 저렇게 하는 것은 아니냐고 의문을 가질 수도 있을 것입니다. 그러나 이 공연이 비단 일본에서만 열린 것은 아

닙니다. 일본의 주요 대도시에서 콘서트를 열었을 뿐만 아니라, 대만과 중국 등 아시아 국가는 물론이고, 미국, 캐나다, 멕시코, 영국, 프랑스, 독일, 네덜란드 등의 국가를 돌며 홀로그램 공연을 매년 합니다. 입장료가 미국은 가장 싼 가격이 50달러, 즉 6만 원이나 하는데도 대부분의 공연장에서 입장권이 완전히 매진될 정도로 큰 인기를 끌었습니다.

유튜브 영상을 보면 수천 명의 관객이 홀로그램 가수에 열광하며 노래를 따라 부르고 있습니다. 이게 무슨 일일까 싶기도 하지만, 어찌 보면 별로 이상할 것도 없을 것 같습니다. 우리가 아이돌을 좋아하는 이유는 무엇일까요? 음악이 좋아서? 춤을 잘 춰서? 잘생기거나 예뻐서? 그렇다면 미쿠 역시 예쁜 외모에 노래도 잘 부르고 춤까지 잘 추니 좋지 않을 이유가 없지 않을까요? 진짜 사람이 아니기 때문에? 그렇다면 우리는 왜 카카오프렌즈 캐릭터에 돈을 쓰고, 펭수에 열광할까요?

아이돌은 환상을 채워 줄 대상입니다. 이제까지는 기술적 한계로 현실적 존재만이 그저 자연스럽게 받아들여진 것이지만, 디지털 기술의 발달은 홀로그램 캐릭터를 만들어 냈습니다. 실제가 아닌 가짜지만, 실제처럼 느껴지도록 기술이 도와주는 것이죠. 그리고 사용자에게 어떤 경험을 줄 수 있는가의 여부는 그 내용물인 콘텐츠가 결정합니다. 펭수처럼 인형 탈을 쓴 어설픈 펭귄 모습의 캐릭터도, 미쿠와 같은 홀로그램 캐릭터도, 인간과 같은 진짜의 모습은 아니지만, 누군가에게는 펭수의 몸짓과 행동이, 미쿠의 춤과 노래가 인간 못지않은 감정을 갖게 해 줄 수 있는 것입니다. 가짜가 진짜 같은 경험을 주는 것이죠.

여러분은 최근 몇 년 동안 가상현실, 혼합현실이라는 용어를 많이 들어 보셨을 겁니다. 아마 게임을 할 때 사용했었겠지만, 이러한 기술과 서비스는 지난 몇 년 동안 군사, 의료, 우주항공, 공학, 교육, 엔터테인먼트 등의 분야에서 큰 산업으로 발전했습니다. 이러한 것을 한데 묶어서 실감 미디어(immersive media)라고 부릅니다. 실재하는 것은 아니지만 현실에서 느끼는 것처럼, 실감 나게 하는 미디어라는 것이죠. 그리고 이러한 미디어를 통해 전달되는 콘텐츠를 실감 콘텐츠라고 합니다.

진짜 같은 경험을 가능하게 만드는 실감 콘텐츠 또는 확장현실(그림 17)

또한 이렇게 현실적 경험을 더 실감 나게 느끼게 하거나, 가짜를 진짜와 같은 경험을 느끼게 하는 것을 확장현실(eXtended Reality)이라고 말합니다. 현실은 아니지만 현실처럼 느끼게 하거나 현실보다 더 현실처럼 느끼게 한다는 것을 의미하죠.

MZ세대의 주요한 특징 중 하나는 경험을 중시한다는 것입니다. 나만을 위한 경험을 소중히 하죠. 그렇기 때문에 실제와 같은 경험을 만드는 미디어에 대한 관심이 많습니다. 단지 보고, 듣는 것보다는 직접 경험할 수 있는 것을 선호합니다. 그러다 보니, 디지털 세계에서도 실제 세계에서 경험하는 것을 원하게 되죠. 무엇을 살 때도, 단지 사진만 있는 것보다는 360도 사진이 있는 것을, 사진보다는 동영상으로 제공하는 것을 더 좋아합니

자연스럽게 스마트폰을 생각하고, 인터넷을 찾아 보는 디지털 네이티브(그림 18)

다. 비단 MZ세대뿐일까요? 실제와 같은 경험을 제공한다면 그것을 마다할 사람이 누가 있을까요?

이런 점에서 실감 미디어, 실감 콘텐츠, 그리고 확장현실 분야의 확산세는 더욱 가속화될 것입니다. 아직은 기술적 한계와 비용의 문제 때문에 근래에 이러한 서비스를 기대하기는 힘들지만, 확장현실 경험을 제공하기 위한 시도는 지속해서 확산될 것입니다.

▶ 실버 버튼을 언박싱하는 펭수의 행동이 의미하는 것은?

MZ세대를 설명했는데, 여러분들 이야기 같은가요? 저는 여러분을 '자유와 풍요가 현실과 디지털 삶에 넘치는 디지털 네이티브'라고 정의합니다. 자유롭고 풍요로운 삶은 필연적으로 문화를 경험하게 합니다. 우리가 발 딛고 사는 현실 세계와 디지털 세계 모두를 모국으로 하는 여러분들은 생각 자체가 '디지털적'입니다.

디지털적이라는 의미는 스마트폰이나 컴퓨터를 기본적인 전제로 상정한다는 것입니다. 무언가를 할 때 자연적으로 스마트폰을 생각하고, 인터넷을 찾아보는 인식과 태도, 행동 등을 말합니다. 태어날 때부터 디지털 환경에 둘러싸였던 MZ세대는 디지털과 문화와는 떼려야 뗄 수 없는 존재입니다. 풍요로운 환경에서 디지털 기술을 아무런 제약 없이 일상생활 속에서 사용한

MZ세대는 새로운 문화를 만들고 있습니다.

요즘 유튜브를 보면 언박싱(unboxing) 동영상이 꽤 많아졌습니다. 구매하는 제품은 모두 언박싱의 대상이 되죠. 심지어 펭수도 언박싱을 합니다. 펭수의 언박싱 모습은 박스를 뜯는 것부터 조심스럽습니다. 칼로 테이프 부근을 마치 수술하듯이 떼어냅니다. 매니저가 박스 뜯는 것을 도와준다고 해도 펭수는 자기가 해야 한다고 하죠. 유튜브 실버 버튼이 나오자 누구도 만지지 못하게 합니다. 얼마나 소중하면 그럴까요?

언박싱 내내 '와우'를 연발하는 펭수의 유튜브 실버 버튼 영상

제품이 아닌 심지어 박스부터 사용자의 경험이 시작한다는 것을 간파한 사람은 아이폰으로 유명한 애플의 설립자이자 전 최고 경영자였던 스티브 잡스(Steve Jobs)였습니다. 잡스는 제품은 물론이거니와 박스까지 모든 것을 자신이 결정했습니다. 박스에 대한 특허도 냈죠. 지금 여러분에게는 너무나 자연스러운 것일지 모르지만, 예전에는 박스는 제품을 포장하는 용도로만 쓰였습니다. 제품을 꺼내고는 그냥 버렸다는 말입니다. 그러나 언제서부터인가 박스를 보관하는 것이 자연스러워졌습니다. 특히 멋진 디자인이 강조된 박스는 인테리어용으로 디스플레이하기도 합니다. 제품을 꺼낸 후에 용도 폐기됐던 박스의 재발견입니다.

제품을 받을 때 이런 박스에 담긴 제품을 받는다면 더 기분이 좋아지겠죠?(그림 19)

사용자 경험이란 바로 이런 것입니다. 제품을 손에 쥐기 전, 그것을 포장하고 있는 박스부터 사용자 경험은 시작되는 것이죠. 이러한 경험이 바로 제품을 평가할 뿐만 아니라 제품을 만드는 기업을 평가하는 기준이 되는 겁니다. 기업의 브랜딩이 만들어지는 것이죠. 그 때문에 사용자가 갖게 되는 모든 감정과 지각, 인지, 행동 등 총체적인 것을 기업은 무엇 하나 소홀히 할 수 없습니다.

그렇다면 여러분이 미디어 전문가가 되기 위해서는 어떻게 사용자 경험을 공부할 수 있을까요? IT 비즈니스를 선도하는 기업을 보면 심리학자, 철학자, 인류학자 등 사업 분야와 무관한 것처럼 보이는 전공자를 뽑습니다. 혁신의 상징인 1970년대 제록스 연구소부터 시작해서 마이크로소프트, IBM, HP 등 첨단 기기와 서비스 비즈니스를 하는 곳에서는 여전히 이들의 필요성을 인식하고 있습니다. 글로벌 반도체 기업인 인텔은 인류학자를 '양방향 및 경험 연구 부서(Interaction and Experience Research)'의 소장으로 임명하기도 했죠.

　사용자 중심의 기기와 서비스 개발의 중요성이 강조될수록 인간 행동을 이해하는 연구자가 필요합니다. 사용자가 원하는 것은 무엇이고, 어떻게 사용할 경우에 최적 경험을 할 수 있을지를 연구하는 사용자 경험 연구는 대체 가능한 풍요의 시대에 더욱 빛납니다. 엔지니어가 이끄는 기술 중심의 기기와 서비스 개발만으로는 사용자를 만족시킬 수 없습니다. 기술의 이해는 기본이고 여기에 더해 사용자를 이해할 때에야 비로소 사용자의 선택을 받을 수 있습니다.

미디어를 공부하는 데 웬 세대 분석?

미디어를 이해하기 위해서 세대 분석은 매우 중요합니다. 왜냐하면 세대에 따른 미디어 이용과 콘텐츠 선호도가 매우 다르기 때문입니다. 트렌드를 변화시키는 주요한 세대는 늘 등장하기 마련이고, 산업은 이들의 등장을 주도면밀하게 관찰합니다. 기업의 미래 흥망을 좌우하기 때문이죠.

TV 프로그램의 인기를 가늠하는 중요한 기준이 시청률이죠? 그러나 최근에는 시청률보다 더 중요하게 받아들이는 지표가 바로 콘텐츠 영향력 지수 (Contents Power Index: CPI)입니다. 포털 사이트에서 키워드 검색과 블로그, 게시판, SNS 등에서의 게재된 글을 조사해서 측정하는 것이죠. 그렇다 보니 콘텐츠 영향력 지수는 젊은층의 선호도를 판단하고, 광고주가 광고를 하는 데 중요시하는 지표가 됐습니다.

세대의 특징을 분석하면 인사이트를 찾을 수 있습니다. 예를 들어 MZ세대는 디지털 기기에 매우 익숙합니다. 그래서 이들을 디지털 네이티브(Digital Native)라고 부릅니다. 한국 사람이 한국말을 너무나 자연스럽게 하는 것처럼, 태어날 때부터 컴퓨터와 게임, 인터넷을 너무나 자연스럽게 사용한다고 해서 붙인 이름입니다(Prensky, 2001a[10], 2001b[11]). 이들에게 디지털은 기술이 아니라 생활입니다. 그렇다면 이들의 라이프스타일을 분석해 보면 고유한 어떤 특징을 발견할 수 있지 않을까요? 세대 분석은 이렇게 중요한 데이터를 제공해 줍니다. 그리고 이러한 데이터 분석을 통해서 정교한 개인화 서비스가 가능한 것이죠.

사용자 경험이란?

수많은 기술, 미디어, 콘텐츠 중에 무엇을 선택할 것인지 예측하기 위해서는 사용자와 기술 그리고 이를 둘러싼 환경을 이해해야 하는데, 이것을 연구하는 분야가 바로 사용자 경험 연구입니다. 사용자 경험은 사용자가 기업, 서비스, 제품과 상호 작용을 하며 느끼는 모든 것을 의미합니다(Norman & Nielsen, 2016)[12].

'기술이 좋으면 사용자 만족도도 좋은 것 아니야?'라고 생각할 수 있습니다. 예를 들어 볼까요? 가상현실 콘텐츠나 HMD는 영상 산업에서 가장 앞선 기술을 채택합니다. 하지만 현재 HMD는 너무 불편합니다. 기술적으로는 훌륭해도, 머리가 눌리고, 화장이 지워지고, 쓰고 벗는 데 귀찮습니다. 그래서 저는 가상현실 산업이 금방 성공하리라고 예측하지 않습니다. 현재와 같은 HMD를 써야 한다면 사용자의 만족감은커녕 불만이 더 커질 것입니다. 그러나 언론이나 인터넷 글을 보면 금방이라도 가상현실의 세계가 펼쳐질 것처럼 말합니다. 더 나아가 코로나 팬데믹 이후에 비대면·비접촉 사회가 금방이라도 올 것처럼 떠듭니다. 하지만 이것은 사용자 경험에 대한 무지에서 나오는 섣부른 예단입니다.

기술이 사용자에게 채택되기 위해서는 수많은 장벽을 극복해야 합니다. 마찬가지로 콘텐츠만 좋으면 성공하리라는 것도 착각입니다. 지상파 방송, tvN, 넷플릭스 등 유통 플랫폼의 선택도 중요하고, 실시간으로 할 것인지 주문형으로 할 것인지도 결정해야 합니다. 또한 하나의 에피소드는 몇 분으로 만들지, 한 주에 한 개의 에피소드를 공개할지, 아니면 한 시즌 전체 에피소드를 공개할지도 중요합니다. 이처럼 사용자 만족을 극대화하기 위해서는 고려할 것이 많습니다. 이것이 여러분이 사용자 경험에 관심을 가져야 하는 이유입니다.

디지털 시대의 봉준호는
바로 여러분

▷ 나에게 스마트폰은 팬티다

수업 시간에 학생들에게 이런 질문을 합니다.

"나에게 스마트폰은 (   )다."

모바일 기기가 여러분에게 어떤 의미가 있는지 알아보자는 의미이죠. 여러분은 빈칸 안에 어떤 단어를 넣을 건가요? 저는 오랫동안 '팬티'라고 말했습니다. 팬티는 샤워나 목욕할 때를 빼고는 늘 착용하잖아요. 생활하는 내내 입고 있으니 늘 내 몸과 함께하는 존재죠. 스마트폰도 그런 존재가 됐다는 의미로 말해 왔습니다. 그런데 언젠가 한 학생이 그러더군요. "교수님, 요즘은

샤워하면서도 스마트폰 해요."

우리의 삶에서 모바일 기기는 필수입니다. 심지어 샤워를 하면서도 스마트폰을 사용할 정도로요. 그렇다면, 이와 같은 행동 양식이 모바일 기기 생태계에 어떻게 적용될까요?

모바일 기기는 더욱 다양화되고, 이에 따라 플랫폼도 다변화될 것입니다. 스마트폰의 변화 가운데 최근 가장 혁신적인 변화는 역시 폴더블폰입니다. 2018년 10월에 중국의 스타트업 로욜(Royole)에서 화면이 접히는 폴더블폰을 세계 최초로 출시한 이후, 삼성전자, 화웨이, 모토로라 등이 폴더블폰을 출시하고 있고 한동안 이러한 흐름이 지속되리라 예측합니다. 그렇다면 이런 생각을 해 봐야겠죠. 왜 스마트폰의 트렌드가 접는 스마트폰으로 변화할까?

폴더블폰이 그저 콘셉트 폰으로 한 번 나오는 것이 아니라 많은 기업이 지속해서 출시를 한다면 모바일 생태계 역시 바뀌겠죠? 이러한 변화의 배경에는 5G 네트워크가 있습니다. 앞에서 우리는 5G 네트워크가 모바일과 미디어 생태계에 큰 변화를 가져올 것을 이야기했습니다. 5G 네트워크는 대용량 정보 전송을 가능하게 하기 때문에, 5G 시대는 8K의 시대가 될 것입니다. 화질이 그만큼 중요해진다는 의미죠.

여러분이 좋아하는 유튜브 영상을 보시죠. 화면 오른쪽 아래에 있는 설정을 터치한 후, 화질을 눌러 볼까요? 144p, 240p,

360p, 480p, 720p 등의 숫자를 볼 수 있습니다. 영상마다 차이는 있지만, 이것은 영상의 화질을 의미합니다. 이 가운데 빨간색 글씨로 HD, 2160p는 UHD라고 쓰여 있는 것을 볼 수 있습니다. 스마트폰 크기의 디스플레이로 보면 그 차이를 못 느낄 수도 있지만, 컴퓨터 모니터로 보면 화질이 현저하게 다른 것을 알 수 있습니다.

픽셀이 많을수록 선명하고 세밀한 이미지를 구현합니다. UHD 방송에서는 배우의 땀구멍까지 보일 정도이죠. 해상도가 높다는 건 화면을 구성하는 픽셀이 더 많고 촘촘하다는 것입니다. 같은 이미지를 더 많고 촘촘하게 정렬된 픽셀로 보여 주니 정교하고 생생하게 묘사할 수 있습니다.

화질에 대해서 자세히 설명한 이유를 앞서 언급한 모바일

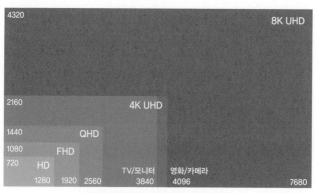

HD부터 8K UHD까지 해상도 비교(그림 20)

기기와 관련해서 이야기하겠습니다. 5G 시대에는 대용량 동영상을 전송할 수 있지만, 모바일 기기의 크기에는 제한이 있죠. 너무 크면 노트북처럼 가방이 필요하고, 작으면 동영상을 보기에 적절하지 않습니다. 네트워크는 대용량 저지연을 지원하고, 콘텐츠는 4K를 넘어 8K로 발전하는데, 기기의 크기는 3G나 LTE 때와 동일하다면 적합한 기기라고 할 수 없겠죠? 바로 이러한 이유 때문에 폴더블폰이 나오게 된 것입니다. 디스플레이의 크기를 키울 수 있으면서도 휴대하기 좋게 말이죠.

업계에서는 휴대하기 좋은 스마트 기기의 최대 크기를 양복 안주머니에 들어가는가의 여부로 판단합니다. 스마트폰과 태블릿을 구분하는 크기가 6~7인치인데, 이 정도 크기 이하면 양복 안주머니에 넣을 수 있어서 이동성에 문제가 없다고 판단을 한 것이죠. 따라서 크기는 양복 안주머니에 들어간다는 것을 전제로 혁신적인 아이디어를 고민합니다. 스마트폰으로 동영상을

폴더블폰처럼 사람과 기술을 이해하면 미래를 예측할 수 있습니다.

보거나 업무를 하기 위해 디스플레이의 크기를 크게 하면 좋겠다는 생각을 안 할 리가 없겠죠. 이것이 기술 수준을 충분히 뒷받침한 삼성전자가 최초의 상용화 폴더블폰을 출시하게 된 배경입니다.

이런 배경을 알게 되니, 새로운 제품 아이디어가 떠오르지 않나요? 폴더블폰은 한 번만 접을 수 있다면, 큰 화면을 만들기

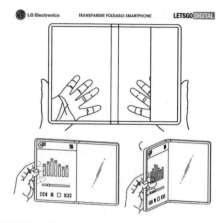

2019년 4월 공개된 LG전자의 투명 디스플레이 폴더블폰 특허(그림 21)

위해서 두 번 접는 식으로 만들면 되지 않을까? 그래서 두 번 접는 폴더블폰도 상용화가 될 것으로 보입니다.

LG전자는 한술 더 뜹니다. 폴더블에 투명 디스플레이를 더해서 특허를 내기도 했습니다. 앞서 이야기한 사용자 경험은 이렇게 기술을 통해 창의력과 만나 세상에 없는 제품과 서비스를 만들어 냅니다. 미디어 전문가가 되기 위해서 인간과 기술을 모두 알아야 하는 이유입니다.

▷ 모바일 기기에 맞는 콘텐츠가 살아남는다

극장에서 영화를 보기 전에 광고를 많이 하죠? 광고가 끝날 때쯤 되면 어떤 영화는 양쪽에 있는 커튼이 움직이면서 특정 위치로 옮겨집니다. 여러분은 이런 경험을 해 보신 적이 있나요? 앞에서 화질에 대해 이야기했는데, 이번에는 화면 비율로 이야기를 시작해 볼까 합니다.

앞에서 말한 극장의 예는 비스타 비전 비율로 영화를 만들었을 때와 시네마스코프 비율로 만들었을 때의 다른 화면 비율로 인해 생기는 스크린의 빈 공간 문제를 해결하기 위한 한 사례입니다. 즉 화면 비율이 다르다는 것이죠. 화면 비율은 디스플레이의 가로세로 비율을 말합니다. 전통적인 화면 비율은 4:3 이었습니다. 이후 16:9의 화면 비율이 세계 표준이 되어 HD와 UHD TV의 표준이 되었습니다. 그런데 이런 표준화된 비율이 다양한 스마트폰이 출시되면서 깨지고 있습니다. 18:9, 18.5:9, 19:9, 19.5:9 등 스마트폰마다 제각각의 비율로 디스플레이를 만들기 때문이죠.

디스플레이는 콘텐츠와 상호 관련성이 큽니다. 디스플레이가 변하면 콘텐츠도 그것에 맞게 변하게 됩니다. 가장 적합한 콘텐츠로 말이죠. 이에 적합한 예로 틱톡을 들 수 있습니다. 스마트폰은 세로로 잡는 데 반해, 유튜브와 같은 동영상을 볼 때는 가로로 눕혀서 봅니다. 여러분들은 스마트폰으로 동영상을 찍을 때 가로로 눕혀서 찍나요, 아니면 스마트폰을 잡은 위치 그대로인 세로로 찍나요? MZ세대는 동영상 촬영을 할 때도, 볼 때도 '세로 본능'이 강합니다. 이를 파악한 서비스가 바로 틱톡

디바이스 표준에 따라 달라지는 화면 비율(그림 22)

입니다. 게다가 동영상도 15초 안에 끝납니다. 틱톡의 성공 공식 중 하나가 바로 '세로로 짧게'입니다.

이런 의미에서 스낵 컬처(snack culture)는 디지털과 모바일에 최적화된 문화입니다. 배가 출출할 때 간단히 먹는 스낵처럼, 스낵 컬처는 짧고, 재미있고, 단순하면서도, 작은 디스플레이에 최적화된 콘텐츠를 향유하는 문화를 말합니다. 그리고 디지털 모바일 시대에는 이러한 문화가 디지털 기술과 인간의 필요를 절묘하게 일치시키죠.

스낵 컬처의 대표적인 콘텐츠가 바로 웹 콘텐츠입니다. 웹 콘텐츠란 인터넷을 통해 공간의 제약 없이 이용 가능한 디지털 형태의 텍스트, 이미지, 소리, 동영상 등으로 제작된 모든 콘텐츠를 말합니다. 웹 콘텐츠는 스낵 컬처 문화 현상에 기반하여 빠르고 간편한 소비 트렌드를 반영함으로써 10분 내외의 짧은 시간 동안 즐길 수 있는 특징이 있습니다. 모바일 기기를 통해 콘텐츠를 소비하기 때문에 장르와 시간, 스토리텔링 등에서 새로운 문법이 요구되는 요즘 가장 뜨거운 사랑을 받는 분야입니다. 이러한 문화 현상에 기대어 2020년 4월에 퀴비라는 앱이 출시됐는데, 이 앱은 10분 미만의 오리지널 동영상 콘텐츠를 서비스합니다.

2008년에 호모 모빌리쿠스(homo mobilicus)라는 용어가 유행했습니다. 정작 영어권에서는 사용하지도 않는 용어이지만, 모바일 기기가 확산하는 가운데 변화하는 인간상을 잘 표현했습니다. 인간은 끊임없이 움직이며 영역을 확장하고, 관계를 넓히며 사회생활을 하는데, 모바일 기기가 이러한 인간의 근본적 욕망을 충족시키기에 적절하게 잘 만든 용어인 것 같습니다. 이런 점에서 웹 콘텐츠는 모바일 시대에 가장 촉망받는 새로운 콘텐츠입니다. 대중교통을 타고 이동하면서, 주문한 음식이 나오기를 기다리면서, 약속 장소에서 친구를 기다리면서 과자를 먹듯이 간단하게 콘텐츠를 소비하기 좋기 때문입니다.

▶ TV의 시대는 저물고, 모바일 방송의 시대가 오다

여러분에게는 익숙한 〈에이틴〉이나 〈연애플레이리스트〉는 소위 말하는 '아재'들은 잘 모릅니다. MZ세대에게 웹 드라마가 편하듯이, 기성세대는 지상파 드라마가 편합니다. 유튜브에서는 정치, 경제 채널을 주로 소비하죠. 미디어와 채널이 다양화되고, 이에 따라 소비하는 성향이 달라진다는 것을 알았으니, 왜 이런 현상이 일어나는지 이제는 여러분이 설명할 수 있겠죠? 내로우 미디어의 사례를 웹 콘텐츠, 그중에서도 웹 드라마를 통해 알아 보겠습니다.

웹 드라마는 웹(web)과 드라마(drama) 의 합성어로 에피소드당 10~20분 내외로 짧게 구성된, 웹에서 시청이 가능한 드라마 를 의미합니다. 2010년 국내 첫선을 보였던 웹 드라마는 초창기 주로 기업들의 자사 홍

에피소드당 수백 만 뷰를 기록하 는 웹 드라마

보를 위한 목적으로 제작됐지만, 이후 스마트폰의 확산과 더불 어 LTE 통신망의 발전으로 짧은 영상에 대한 소비자들의 관심 이 늘어나면서 소재나 출연 배우 등의 폭도 넓어지고 전문 제작 사가 만드는 웹 드라마가 늘어나는 등 지속적인 성장세를 보입 니다.

큰 인기를 얻은 대표작은 2016년 11월 네이버 TV 캐스트로 방송된 〈마음의 소리〉 입니다. 이 웹 드라마는 동명의 유명 웹툰을 드라마화하여, 일주일 만에 천만 뷰를 넘어 섰으며, 방영 3주 만에 2천만 뷰를 돌파해 전체 웹 드라마 조회 수 1위에 오르는 큰 인

네이버에서 독점 방송되어 4,300 만 조회 수를 넘 긴 웹 드라마 〈마 음의 소리〉

기를 얻었습니다. 이후에는 지상파 TV 드라마로 제작되어 방영 되기까지 했죠.

웹 드라마에는 방송 콘텐츠와 차별화된 장점이 많습니다. 먼저, 제작 차원에서 소재와 포맷이 자유롭습니다. 앞서 〈개그 콘서트〉와 〈코미디빅리그〉의 예를 통해 같은 방송이라도 다른 규제를 받는다는 것을 기억하시죠? 웹 드라마는 규제가 더 느슨합니다. 인터넷으로 유통되는 콘텐츠는 방송법이 아닌 정보 통신망법의 심의를 받기 때문입니다. 방송의 형식으로 음란물이나 불법성을 띠는 내용만 아니라면 어떠한 내용도 가능할 뿐만 아니라 자유롭게 광고도 가능합니다.

실제로 롯데 면세점이 마케팅용으로 직접 웹 드라마를 만들어서 큰 인기를 얻기도 했습니다. 이민호, 이종석, EXO 카이 등

롯데 면세점이 마케팅용으로 만든 웹 드라마 〈첫 키스만 일곱 번째〉

7명의 남자 배우가 등장한 〈첫 키스만 일곱 번째〉와 이준기, 황치열, EXO 찬열 등 6명의 남자 배우가 출연한 〈퀸카메이커〉 등 웹 드라마에 한류 스타가 총출동해서 대대적인 스타 마케팅을 펼쳤습니다.

무엇보다도 제작비가 크게 들지 않는다는 점은 제작자에게 큰 매력입니다. 짧은 시간에 소비되기 때문에 기발한 아이디어를 기초로 한 기획력과 실험적 발상이 특히 요구되죠. 이러한 이유로 소규모의 독립 제작사에게는 새로운 기회의 시장이기도 합니다. 사용자 측면에서는 단편으로 구성된 작품이기 때문에 긴 호흡이 필요 없고, 시간 나는 대로 10분 정도의 단위로 시청

할 수 있어서 간편합니다. 인터넷으로 제공되어 편성에 구애되지 않으며, 어떤 장소에서든 보고 싶을 때 볼 수 있고 원하는 작품을 선택할 수 있습니다.

그러나 이러한 장점이 제작자에게 그대로 수익으로 이어지진 않습니다. 실제로 웹 드라마 자체로 수익을 내는 회사는 거의 없습니다. 미리 보기 서비스를 통해 다음 회를 300~400원으로 시청하게 하거나, 동영상 광고 서비스, 콘텐츠를 유료 채널에 판매함으로써 추가 수익을 기대하기도 하지만 제작비를 만회하기에는 턱없이 부족한 상황입니다. 이러한 이유로 웹 드라마가 생각만큼 많이 제작되지는 않습니다.

그럼에도 불구하고 웹 드라마가 만들어지는 이유는 미래의 성장 가능성 때문입니다. 현재 웹 드라마로 가장 잘 알려진 회사는 〈연플리〉와 〈에이틴〉을 만든 '플레이리스트'입니다. 플레이리스트는 〈이런 꽃 같은 엔딩〉, 〈리필〉, 〈최고의 엔딩〉, 〈한입만〉 등의 작품뿐만 아니라, 예능 채널 〈잼플리〉, 음악 채널 〈뮤플리〉도 운영하고 있죠. 수익도 나지 않는데, 왜 이렇게 많은 작품과 사업을 확장하고 있을까요?

사실 플레이리스트는 네이버의 자회사입니다. 2017년 네이버 자회사 '네이버웹툰'과 '스노우'가 공동 출자해 설립한 영상 콘텐츠 제작사거든요. 네이버가 영상 콘텐츠를 확보하기 위해서 만든 회사라고 볼 수 있죠. 그래서 네이버는 당장 수익이 나지 않더라도 지속적인 투자를 통해 영상 콘텐츠를 확보하려고 합니다. 네이버는 이러한 웹 드라마를 통해 자사의 다양한 서비스와 접목을 시키죠. 앞장에서도 설명한 '브이 라이브'를 통해 '플레이리스트'의 영상을 유통시키고, 자사의 웹툰과 웹 소설을 영상화하려고 합니다.

또한 해외 사용자를 늘릴 수도 있죠. 브이 라이브가 kpop을 활용해 해외 사용자를 타깃으로 한다면, 플레이리스트는 영어와 일본어, 중국어, 베트남어, 인도네시아어 등 다양한 언어로 콘텐츠를 서비스하며 해외 사용자를 끌어들입니다. 해외 사용자가 늘어나면, 넷플릭스와 같은 해외 플랫폼에서 한국 오리지널 콘텐츠에 대한 수요가 늘어나겠죠. 이렇게 드라마 판권을 판매하고, 자연스럽게 자사의 지식 재산권(Intellectual Property: IP)을 활용한 뷰티나 잡화 등의 상품을 판매하여 부가 수익을 올릴 수도 있습니다.

당장에 웹 드라마로 높은 수익을 기대하기는 힘들지만, 모바일 시대가 가속화되고 스낵 컬처에 대한 수요가 높아지기에 시장의 확대는 필연적입니다. 이에 따라 웹 콘텐츠 제작자들은 유통 플랫폼 다각화 전략과 한류 콘텐츠의 세계화 진출 전략에 발맞추어 소규모 제작사뿐만 아니라 대형 연예 기획사나 제작사에서도 관심을 기울이고 있습니다. TV의 시대는 저물고 있지만, 모바일 방송의 시대는 이제 시작입니다.

▶ 네이버웹툰 작가의 연평균 수익은 3억 천만 원

수업 중에 학생들이 가장 놀랐던 경우를 되새겨 보면, 그중 하나가 네이버웹툰 연재 작가의 평균 수익입니다. 이미 제목을 본 독자 여러분도 깜짝 놀라셨겠죠?

네이버의 발표에 따르면 연재 작가의 62%인 221명의 작가가 네이버웹툰 플랫폼에서만 연간 1억 이상의 수익을 얻고 있으며, 전체 작가의 평균 연수익은 3억 1천만 원이라고 합니다(네이버, 2019)[13]. 이렇게 웹툰 작가가 큰 수익을 얻을 수 있는 이유는 네이버웹툰이 국내에만 머무는 서비스가 아니라 이미 전 세계에 널리 알려진 서비스이기 때문입니다.

네이버웹툰은 전 세계 100개국 만화 앱 가운데 수익 1위를 기록하고 있고, 글로벌 월간 순수 방문자(Monthly Active User: MAU)가 6천만 명에 달해 독보적 1위 사업자로 자리 잡았습니다. 특히 돈을 가장 많이 쓰는 지역인 북미 지역의 MAU가 2019년 11월에 천만 명을 돌파하고, 북미 이용자 중 24세 이하 이용자가 75%에 달하는 등, MZ세대가 즐겨 이용하는 대표적인 엔터테인먼트 서비스가 됐습니다. 이렇게 전 세계 각국에서 독자가 증가하다 보니, 2019년 콘텐츠 거래액이 6천억 원에 달할 정도입니다.

더욱 놀라운 것은 성장세입니다. 네이버웹툰은 2014년 7월 글로벌 시장에 진출한 이후 2018년 10월, 약 4년 만에 500만

MAU를 달성했는데, 그로부터 1년 반 만에 두 배에 해당하는 1천만 MAU를 달성했습니다. 특히, 900만 명에서 1천만 명으로 올라서는 데 두 달밖에 걸리지 않았다는 것은 향후 더 무서운 성장세를 기대할 수 있을 정도로 성공적인 진행 상황입니다.

자, 그러면 네이버웹툰이 왜 대단한 비즈니스인지 설명해 보겠습니다. 콘텐츠 비즈니스에서 캐릭터의 중요성은 아무리 강조해도 지나치지 않습니다. 왜냐하면 캐릭터가 가진 지식 재산권을 활용한 비즈니스 규모가 상상을 초월하기 때문입니다.

라이센싱 인터내셔널(2020.06.08)에 따르면, 2019년 한 해에만 엔터테인먼트, 캐릭터, 의류, 스포츠, 기업 브랜드, 예술 등의 분야에서 라이선스 제품 판매로만 전 세계에서 총 2,928억 달러(351조 원)의 매출을 달성했다고 합니다.

이를 자세히 살펴보면, 전 세계 모든 어린이가 사랑하는 캐릭터인 미키 마우스와 도널드 덕, 곰돌이 푸를 비롯해서 마블 시리즈와 스타워즈의 판권을 소유한 월트 디즈니가 2019년 한 해 동안 547억 달러(66조 원)에 달하는 매출을 올려 압도적인 세계 제1의 콘텐츠 왕국임을 확인했습니다(License Global, 2019)[14]. 만화, 영화, 뮤지컬, 테마파크 등 무수한 콘텐츠를 만들어 내면서 상품까지 팔고 있습니다.

네이버는 바로 웹툰을 이용해서 장기적으로 지식 재산권을 활용하려는 계획입니다. 웹툰이라는 지식 재산권을 통해 다양

2019년 기준 캐릭터 라이센스 매출액 순위(표4)

랭킹	회사	2019년 총 수익
1	월트 디즈니(The Walt Disney Company)	547억 달러
2	메레디스 코퍼레이션(Meredith Corporation)	251억 달러
3	PHV 코퍼레이션(PHV Corp.)	180억 달러
4	워너브러더스 커슈머 프로덕트(Warner Bros. Consumer Products)	110억 달러
5	어쌘틱 브랜드 그룹(Authentic Brands Group)	90억 달러
6	하스브로(Hasbro)	71억 달러
7	유니버설 브랜드 디벨롭먼트(Universal Brand Development)	71억 달러
8	아이코닉스 브랜드 그룹(Iconix Brand Group)	70억 달러
9	니켈로디언(Nickelodeon)	55억 달러
10	메이저리그 베이스볼(MLB)	55억 달러

* License Global, 2019

한 콘텐츠와 상품을 만들어 저작권자의 권리를 보호하고, 캐릭터를 활용한 콘텐츠 비즈니스를 확대하려는 것이죠. 네이버는 앞서 말한 플레이리스트뿐만 아니라 스튜디오N을 만들어서 영상 제작 사업을 시작했습니다. 포털로만 알고 있는 네이버가 영상 제작 사업을 한다는 게 자연스럽게 들린다면, 이제 여러분도 미디어 콘텐츠 산업에 대해서 일가견을 가진 것입니다.

스튜디오N은 네이버가 보유한 웹툰 지식 재산권을 영상화하기 위해 만들었습니다. OCN에서 방영한 〈타인은 지옥이다〉,

tvN에서 방영한 〈쌈니다 천리마마트〉 등이 스튜디오N의 작품입니다. 이 밖에도 〈미스터 션샤인〉, 〈나의 아저씨〉, 〈사랑의 불시착〉 등을 제작한 CJ ENM의 계열사인 스튜디오 드래곤과 함께 넷플릭스 오리지널 시리즈로 〈스위트 홈〉을 공동 제작하기로 하는 등 드라마와 영화 제작에 많은 투자를 하고 있습니다.

기본적으로 네이버웹툰과 넷플릭스의 비즈니스 모델은 똑같습니다. 작가는 그저 콘텐츠만 잘 만들면 됩니다. 그 이후 독자에게 전달하는 역할은 네이버와 넷플릭스가 책임지는 것이죠. 한국말로 콘텐츠를 만든다고 해서 단지 우리나라 독자들만 대상으로 하는 것이 아닙니다. 콘텐츠가 만들어짐과 동시에 번역 작업이 들어가고, 동시에 전 세계 독자들에게 공개가 되는 것이죠.

지식 재산권을 활용할 수 있는 분야는 헤아릴 수 없을 만큼 많습니다. 웹툰, 영화, 연극, 공연, 음원, 게임 등과 같은 콘텐츠뿐만 아니라 상품으로도 만들어집니다. 그리고 이제 공간적 제약도 사라지고 있습니다. 디지털이 만든 세상은 콘텐츠 크리에이터를 한 나라에 가두지 않습니다. 여러분의 꿈은 무엇인가요? 국내에만 머물 건가요? 여러분의 시장은 5천만 대한민국이 아니라 78억 세계인이 될 수 있다는 것을 명심하시기 바랍니다.

호모 모빌리쿠스를 잡기 위해 필요한 기술은?

웹 콘텐츠는 내로우캐스팅(narrowcasting)의 미래를 엿보게 합니다. KBS나 tvN처럼 일반 대중을 대상으로 한 방송이 브로드캐스팅(broadcasting)이라면, 특정 타깃을 목표로 한 방송을 내로우캐스팅이라고 합니다. 내로우캐스팅의 시청 행태는 브로드캐스팅과는 확연히 다릅니다.

특히 30대 이하 층에서 급격한 쏠림 현상이 나타나는데, 매년 전 연령층으로 확산되고 있습니다. 이들은 시간과 공간의 제약에 구애받지 않는 능동형 시청 행태를 보이는데, 대표적인 예가 몰아 보기(binge viewing), 이동 중 시청하기(out-of-home viewing), 원하는 시간에 시청하기(time-shift viewing) 등입니다. 하루에 〈킹덤〉 시즌 2의 에피소드 여섯 개를 모두 시청하거나, 버스건 지하철이건 장소의 구애를 받지 않고 영상을 시청하고, 아침에 일어나자마자 또는 자기 전 틈나는 대로 보는 식이죠.

또한 스트리밍과 큐레이션(curation)은 사용자 경험을 극대화시킵니다. 인터넷 전송속도가 충분히 뒷받침되었기에 대용량의 동영상을 볼 때도 굳이 파일을 저장해서 보는 것이 아니라, 재생 버튼을 누름과 동시에 인터넷 전송 방식으로 시청하고, 내 취향을 잘 분석해서 내가 좋아할 만한 콘텐츠를 추천해 줍니다. 유튜브를 떠올리면 무슨 말인지 알 수 있겠죠?

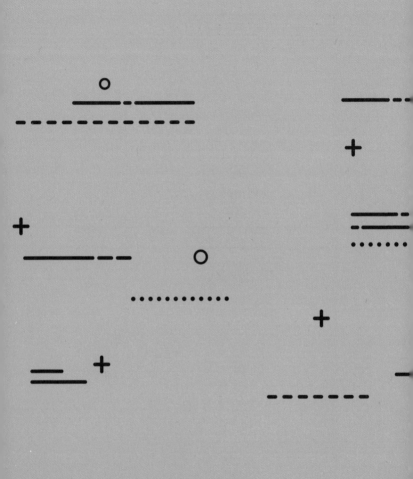

PART 3

요즘은
OTT가
체질

넷플릭스의 인기가 많아지면,
우리 일자리가 줄어든다

▷ 생존을 위해 방송사와 통신사가 OTT로 뭉치다

드디어 OTT를 소개할 시간이네요. 현재 미디어 산업을 이해하기 위해서는 아무리 강조해도 지나치지 않을 만큼 중요한 용어입니다. 용어의 뜻은 몰라도, 누구라도 이미 OTT를 경험하고 있습니다. 그러면 OTT가 무엇인지, 왜 중요한지 알아보겠습니다.

2019년 9월 우리나라 미디어 업계에서 놀라운 사건이 있었습니다. 지상파 3사와 SKT가 OTT 플랫폼인 '웨이브'를 론칭한 것입니다. 사실 지상파 방송사와 통신사는 견원지간이라고 봐도 될 정도로 사이가 안 좋습니다. 방송사는 콘텐츠를 직접 제작하면서도 지상파라는 유통 플랫폼을 갖고 있고, 통신사는 IPTV와 케이블, 위성 방송 등 유통망만 갖고 있죠. 원래 IPTV와 케이블사는 분리된 사업군이었지만, 최근에 통신 3사가 케이블사를 인수해서, KT는 스카이라이프와 딜라이브를, LGU+는 CJ헬로를, SK브로드밴드는 티브로드를 소유하게 됐습니다. 이렇게 되면 지상파 방송사는 자사의 콘텐츠를 판매할 수 있는 곳이 결국 통신사밖에 없겠죠. 거의 통신사의 독점 상황이라, 지상파 방송사의 협상력이 떨어질 수 밖에 없습니다.

그런데 이런 관계에 있는 지상파 방송사와 SKT가 손을 잡은 것입니다. 지상파 3사는 드라마와 뉴스, 그리고 기존 OTT 플랫폼이었던 '푸크(Pooq)'가 갖고 있던 외국 드라마와 영화 콘텐츠를, SKT 역시 자사의 OTT 플랫폼이었던 '옥수수'가 갖고 있던 영화, 스포츠 중계와 VR 콘텐츠를 각각 웨이브에서 제공합니다. 웨이브는 론칭과 함께 원대한 꿈을 밝혔습니다. 2023년까지 한국 가입자 500만 명, 매출 5,000억 원을 올리며 세계 OTT 시장에도 진출한다는 목표를 세웠습니다.

국내 지상파 방송사와 통신사가 만든 토종 OTT 웨이브의 오리지널 드라마 〈SF8〉.

한편 CJ ENM과 JTBC 역시 OTT 플랫폼인 티빙으로 뭉치기로 했습니다. 지상파 방송사보다 더 인기가 많은 콘텐츠를 보유하고 있는 두 기업이 힘을 합해 새로운 회사를 만든다는 것은 OTT 플랫폼의 경쟁을 더욱 가속화한다는 의미입니다. SKT가 지상파 방송사와 함께 웨이브를 만든 것처럼, 만일 KT나 LGU+가 티빙과 협력해서 새로운 회사를 만든다면, 또는 넷플릭스와 같은 해외 기업이 국내 OTT 플랫폼과 협력한다면 한국 미디어 시장은 지각 변동이 일어날 것입니다.

KT와 LGU+는 각각 '시즌(Seezn)'과 'U+TV'라는 자체 OTT 플랫폼을 운영하고 있습니다. 그리고 CJ ENM과 JTBC와는 콘텐츠 협력을 하고 있기에 이들의 콘텐츠를 볼 수 있습니다. 그러나 이렇게 협력만으로 유지될 수 있을지 미지수입니다.

현재 미디어 산업은 OTT 플랫폼을 중심으로 통신사, 플랫폼사, 콘텐츠 제공사(Contents Provider: CP), 방송사 등이 모이는 중입니다. 미디어사의 인수 합병이 거세지는 마당에 단순한

정식 서비스 중인 국내 대표 OTT 플랫폼(그림 23)

협력으로는 지속 가능성이 떨어집니다.

기억할 것은 미디어 산업에서는 이제 영원한 적도, 영원한 친구도 없다는 것입니다. 생존을 위해서는 우리의 상상력을 뛰어넘는 가능성도 생각해야 합니다. 지상파 방송사와 SKT가 만든 웨이브처럼, 삼성전자의 스마트TV에 애플의 '아이튠즈'를 탑재한 것처럼, SKT와 카카오가 3천억 원의 지분을 맞교환하며 파트너십을 맺은 것처럼 이전에는 상상하지 못할 일이 벌어지고 있다는 사실을 주목해야 합니다. 애플이 디즈니를 인수할 수도, 삼성전자가 스포티파이를 인수할 수도 있다는 상상력을 갖고 여러분의 관심을 더 확대하기를 바랍니다.

이렇게 국내 미디어 시장이 변화하는 이유는 해외 OTT는 우리나라 미디어 생태계를 송두리째 무너트릴 수 있을 정도로 막강한 힘을 갖고 있기 때문입니다. 이 말은 여러분이 들어갈 회사가 없어질 수도, 자리가 줄어들 수도 있다는 의미입니다. MBC의 〈놀면 뭐하니〉의 스타 '유산슬'이 KBS의 〈아침마당〉과 TBS의 라디오 〈배칠수, 박희진의 9595쇼〉에도 나오고, EBS의 '펭수'가 MBC와 SBS 라디오 프로그램인 〈여성시대 양희은 서경석입니다〉와 〈배성재의 텐〉 그리고 JTBC의 〈아는 형님〉에 나온 이유는 살아남기 위한 방송사의 몸부림입니다. 왜 이런 상황까지 발생하게 됐는지, 해외 OTT 플랫폼 현황과 이들이 가져오는 시장 변화의 의미를 알아보겠습니다.

▷ 미국은 케이블 방송을 끊고 OTT로 환승 중

해외라고 해 봐야 미국을 제외하고는 대부분 그 영향력이 자국에 미치는 정도여서, 미디어 산업의 세계 시장을 이야기할 때는 미국만 이야기하면 충분합니다. 미국은 두말할 것 없이 콘텐츠 강국입니다. 영화, 드라마, 음악 등 대중문화에서 미국의 위치는 비교 대상이 없을 정도입니다. 그러나 전 세계 시장에서 미국의 힘은 압도적이지만, 미국 내에서의 기업간 경쟁은 또 다른 이야기겠죠.

미국의 미디어 생태계는 한국과 비슷합니다. 우리나라의 지상파 방송사와 같은 지상파 네트워크 사업자인 ABC, CBS, NBC, FOX의 영향력이 크지만, 이들 방송은 대부분 케이블 방송을 통해 봐야 했습니다. 그리고 한 가지 더. 미국에서의 미디어 산업을 이야기할 때는 ABC 방송사를 소유하고 있는 디즈니사의 계열사인 ESPN이라는 스포츠 전문 채널을 꼭 포함시켜야 합니다.

미국은 스포츠의 나라입니다. 1년 내내 농구, 아이스하키, 야구, 풋볼 등 스포츠가 끊이지 않죠. 메이저리그 베이스볼은 3월 말에 시작해서 10월 말에 월드 시리즈가 끝납니다. 야구가 끝날 때쯤인 9월부터는 미국인들이 가장 좋아하는 스포츠인 풋볼이 시작됩니다. 토요일은 대학 풋볼, 일요일은 프로 풋볼을 하는데, 프로 풋볼의 결승전인 슈퍼볼(Super Bowl)이 열리는 이듬해 2월 초까지 '미국인의 주말은 그저 풋볼을 보면서 지낸다'라고 해도 과언이 아닐 정도입니다.

농구 역시 대학 농구와 프로 농구 모두 인기가 많습니다. 10월 말부터 시작해서 대학 농구 토너먼트 결승전이 열리는 4월을 지나, 프로 농구 결승전이 열리는 6월 초까지 농구는 늘 어느 채널에서건 방송을 하고 있습니다. 마지막으로 상대적으로 인기는 떨어지지만 NBC에서 독점 중계하는 프로 아이스하키 게임은 10월부터 6월까지 진행합니다.

미국인들의 스포츠 사랑으로 ESPN의 가치는 2018년 기준으로 약 33조 6천억 원(280억 달러)에 달할 정도입니다(Trefis Team, 2018.03.15)[15]. 이 정도의 가치도 어마어마한데, 2014년 기준으로는 ESPN은 60조 원(500억 달러)이 넘는 것으로 평가되기도 했었습니다(Badenhausen, 2014.04.29)[16]. 이렇게 가치가 하락한 이유에도 역시 OTT가 있습니다. 이유는 사람들이 케이블 방송 시청을 중단하기 때문입니다.

케이블 방송에서 수많은 채널을 보는 것은 좋은데, 미국은 우리나라와 달리 가격이 너무 비쌉니다. 우리나라는 약정 계약을 맺고, TV와 인터넷과 스마트폰을 묶으면 IPTV를 한 달에 1만 원대면 볼 수 있죠. 그러나 미국은 아무리 저렴해도 5만 원대인데, 보통은 7~8만 원 이상을 지불해야 합니다. 그러다 보니 넷플릭스와 같은 새로운 형식의 플랫폼이 나왔을 때 열광할 수밖

케이블 TV에서 OTT 서비스로 갈아타는 코드 커팅(그림 24)

에 없었죠. 기껏해야 1만 원 정도만 지불하면 수많은 작품을 스트리밍으로 볼 수 있었기 때문입니다. 케이블 TV는 채널은 많지만 막상 보는 채널은 몇 개 안 되기 때문에 너무 비싸게 느껴졌던 거죠. 그래서 나온 말이 코드 커팅(cord cutting)입니다.

코드 커팅은 케이블 TV 가입을 해지하는 것을 말합니다. 값비싼 케이블이나 위성 TV 가입을 중단하고, 값이 싼 넷플릭스와 같은 OTT 플랫폼으로 옮기는 것이죠. 굳이 비싼 돈을 주고 케이블 방송을 보지 않고 해지를 하기 때문에 코드 커팅이란 말이 나왔습니다. 2018년에만 3,300여만 명의 미국인이 코드 커팅을 했고, OTT에 가입한 인구는 약 1억 7천만 명, 즉 미국 인구의 51.7%에 이를 지경입니다(Enberg, 2018.08.17)[17]. 값이 비싸도 유료 채널을 봤던 이유가 바로 ESPN을 볼 수 있기 때문이었습니다. 이밖에도 〈왕좌의 게임〉을 방송하는 HBO를 볼 수 있다는 것도 큰 장점이었죠. 그런데 이제는 이런 방송도 OTT 플랫폼을 통해서 볼 수 있게 됐습니다. 그러니 미국 방송 산업도 거대한 소용돌이에 휘말리게 된 것이죠.

▷ 아마존과 애플도 OTT를 한다고?

지상파 방송사는 장점이 많았습니다. 지상파 네트워크라는 강력한 플랫폼이 있었고, 이 힘을 바탕으로, 압도적으로 뛰어난 콘텐츠를 만들고, 광고 시장을 좌지우지하는 등 영상 산업의 생산 요소를 모두 갖고 있었기 때문이죠. 생산에서 송출까지, 편성을 통해서 시청자의 시간까지 붙들어 둔 권력이었습니다.

그러나 이제는 인터넷이라는 새로운 네트워크 때문에 역사적 유물로 남을 지경이 됐습니다. IPTV도 마찬가지입니다. 인터넷이라는 네트워크의 장점을 갖기는 하지만 모바일이라는 인간의 속성을 극복할 수 없는 한계를 갖고 있죠. 언제 어디서나 어떤 기기를 통해서 원하는 콘텐츠를 볼 수 있는 OTT에게 자리를 서서히 내주고 있습니다.

이런 상황이다 보니, 미국의 미디어사는 인수 합병과 파트너십을 통해 기업의 생존을 도모하고 있습니다. 이들 역시 핵심 전략은 OTT입니다. 먼저 가장 큰 기업인 디즈니의 사례부터 살펴

보겠습니다.

디즈니는 '미디어 제국'으로 불릴 정도로 미디어 시장에서는 독보적인 기업입니다. 우리가 잘 아는 마블 시리즈와 스타워즈를 포함해서, ABC와 ESPN 방송사 그리고 테마파크 등 애니메이션, 영화, TV 등을 망라하는 기업입니다. 게다가 최근에는 21세기폭스사를 인수했습니다. 이런 디즈니가 2019년 11월 12일에 '디즈니+'라는 OTT 플랫폼을 론칭했습니다. 놀라운 것은 이 스트리밍 서비스를 이용하는 데 단지 8,400원(6.99달러)밖에 들지 않는다는 것입니다. 이러다 보니 첫날 1,400만 명이 가입하고, 8개월 만에 6천만 명의 가입자를 확보하는 기염을 토했습니다.

이뿐만이 아닙니다. 7,000여 편의 TV 시리즈와 500여 편의 영화 및 기타 오리지널 콘텐츠를 갖고 있는 '홀루(Hulu)'라는 OTT도 있습니다. 2007년에 디즈니와 NBC유니버설 그리고 21세기폭스 등 3사가 합작해 만든 OTT 플랫폼인데, 이제는 디즈니의 회사가 됐습니다. 디즈니가 21세기폭스사를 인수했고, NBC의 지분도 모두 인수했습니다. 즉 '홀루'에는 ABC와 21세기폭스사, 그리고 NBC의 프로그램이 있는 것이죠.

디즈니는 왜 이렇게 두 개의 OTT 플랫폼이 필요했을까요? 그것은 앞으로 OTT 플랫폼이 주류 미디어가 될 것으로 판단했기 때문입니다. 그래서 디즈니+는 자체 제작한 유아용 또는 가족용 콘텐츠를 주로 만들고, 홀루는 TV쇼 등 성인 대상의 콘텐

스포츠 채널까지 스트리밍 서비스를 시작한 디즈니(그림 25)

츠를 주로 만듦으로써 연령대별 시장 분할 전략을 통해서 구독
자를 다변화하려는 것이죠.

조금 전 미국의 미디어 시장에서 ESPN이 왜 중요한지 설명
했죠. 디즈니는 ESPN까지 OTT로 만들었습니다. 'ESPN+'를 만
들어 스트리밍 엔터테인먼트 시장의 주도권을 놓치지 않으려고
합니다. 이렇게 세 개의 OTT 플랫폼을 운영하니, 가격 조건도
파격적으로 만드는 게 어렵지 않겠죠. 개별적으로 구독하려면
ESPN+는 6,000원(4.99달러), 훌루는 7,200원(5.99달러)이지만,
세 플랫폼을 모두 구독할 경우에는 15,600원(12.99달러)이면 됩
니다. 넷플릭스가 월 12,000원이니, 장단점을 따져 보면 어느
OTT 플랫폼이 더 매력적일지 판단할 수 있을 듯합니다.

이밖에도 대부분의 메이저 미디어사는 OTT 서비스를 이미 시행하거나 곧 시행할 예정입니다. 비아컴CBS(ViacomCBS)는 CBS올억세스(All Access)와 쇼타임(Showtime) OTT를, 타임워너를 인수한 AT&T는 HBO맥스(Max)를, NBC유니버설(NBC Universal)을 소유하고 있는 컴캐스트(Comcast)는 피코크(Peacock)를 주인공으로 내세우고 있습니다. 넷플릭스의 오리지널 콘텐츠를 제외한 외부 공급자가 넷플릭스에 제공하는 콘텐츠 중 디즈니, 타임워너, NBC 유니버설 3사 콘텐츠의 비율이 63%가 되는 상황에서 이들이 콘텐츠 공급을 중단한다면 넷플릭스는 어떻게 될까요? 이미 전쟁은 시작했습니다. 디즈니는 자회사에서 넷플릭스의 광고를 전면 금지하고 있습니다.

디즈니 실사 영화 〈뮬란〉은 코로나 팬데믹 때문에 디즈니를 통해 공개됐습니다.

미디어사 뿐만이 아닙니다. 애플은 2019년 11월 1일, '애플 TV+'를 출시했습니다. 비록 미디어사는 아니지만 아이폰, 아이패드, 맥, 애플 TV 등 전 세계에서 사용되는 14억 개의 애플 디바이스를 활용할 수 있다는 점에서 OTT의 강점을 살릴 수 있을 것으로 기대하고 있습니다. 또한 아마존은 프라임(Prime)이라는 멤버십에 가입하면 공짜로 오리지널 콘텐츠를 비롯해서 12,000편의 영화를 볼 수 있는 '프라임비디오(Prime Video)' 서비스를 제공합니다. 이 정도면 OTT 전쟁이라고 해도 과하지 않겠죠?

▷ 한국 미디어 생태계는 살아남을 수 있을까?

앞에서 미국의 OTT 사례를 자세하게 설명한 이유가 있습니다. 넷플릭스 때문에 한국의 미디어 생태계가 무너질 수 있다고 많은 전문가가 이야기합니다. 지상파 방송사뿐만 아니라 종편 방송사까지 위태로워지면, 한국에서 우수한 콘텐츠를 제작할 수 있는 기업은 존재하기 힘듭니다.

그동안 영상 콘텐츠는 이러한 방송사가 콘텐츠 제작 비용의 80% 정도를 지원했기에 지속 가능했습니다. 그러나 OTT 플랫폼의 출현은 국내 미디어사에게 심각한 위협으로 다가왔습니다. 2019년 기준 KBS는 759억 원의 적자, 그리고 MBC는 자그마치 966억 원의 적자를 냈습니다. 종편은 빚더미에 허덕이고 있고요.

이러한 이유로 드라마 제작은 점점 감소하고 있고, 사극과 같은 대하드라마는 감히 엄두도 못 내고 있습니다. 심지어 좋은 작품은 넷플릭스에 빼앗기고 있습니다. 저는 한국 미디어의 위기는 아직 시작도 안 했다고 생각합니다. 넷플릭스 정도로 한국 미디어 산업이 위기라면, 10년 뒤면 붕괴가 될 수도 있다고 생각합니다. 앞에서 미국의 OTT를 구체적으로 설명한 이유는 바로 이들 OTT가 국내에 들어올 것이기 때문입니다.

방송 시장은 그 고유한 특성 때문에 엄격한 규제가 적용되는 분야입니다. 방송은 여론을 움직이고, 문화를 만들며, 산업적 차원, 그리고 무엇보다도 국가 안보 차원에서도 매우 중요합니다. 그래서 법으로 외국인 소유 제한을 규정하고 있죠. 그런데 OTT는 규제 대상이 아닙니다. Part 1에서 설명했지만, 유튜브와 트위치가 방송이 아니듯이 실시간 방송을 하지 않는 넷플릭스 역시 방송이 아닙니다. 그저 네이버나 카카오에 있는 콘텐츠처럼 그저 인터넷 콘텐츠일 뿐이죠. 그렇기 때문에 해외 OTT는 국내에 아무런 제약 없이 들어올 수 있습니다.

해외에서 만든 콘텐츠가 주로 유통된다면 우리나라 콘텐츠 산업은 어떻게 될까요? 영상 투자 금액이나 기술, 제작 면에서 미국의 콘텐츠를 이길 수 있는 확률은 낮습니다. 봉준호 감독이나 BTS와 같은 세계적인 스타가 탄생하기도 했지만, 전체 시장에서 우리나라가 참여할 수 있는 지분은 극히 작죠. 넷플릭스와 유튜브, 트위치 등 해외 미디어와 콘텐츠가 국내에서 인기를 얻으면 얻을수록, 우리나라의 미디어 생태계는 무너집니다. 이 말은 여러분이 들어가야 할 직장이 없어진다는 말과 동일한 의미입니다.

지상파 방송사는 현재 인력 감축 중입니다. 종편은 애초부터 인력을 최소화해서 시작했습니다. 2018년 기준, KBS의 정규 인력은 4,500여 명, MBC는 1,600여 명인 데 반해, JTBC의 정규직 직원 수는 올 230여 명에 불과합니다. 여러분의 꿈을 펼칠 수 있는 물리적 공간이 점점 줄어들고 있습니다.

2020년 2월 한 뉴스 기사에 따르면, SKT가 넷플릭스의 제휴 제안을 거절했다고 합니다. 이 소식은 크게 알려지지는 않았지만, 그 의미는 그리 간단하지 않습니다. 여기에는 지상파와 종편 방송사와 OTT, 그리고 국내 미디어 생태계와 해외 미디어 생태계의 대립 구조가 고스란히 담겨 있기 때문입니다.

우리나라의 통신사 점유율은 매우 안정적으로 유지되고 있습니다. 1위 사업자인 SKT는 45%, 2위 사업자인 KT는 30%, 3위 사업자인 LGU+는 23%로 큰 변화없이 대체로 이 정도 점유율을 분할하고 있습니다. 이런 상황에서 1위 사업자인 SKT가 특정 서비스를 독점으로 제공한다면, 서비스가 많은 사람의 관심을 받고 있는 서비스라면 그 파급력은 대단하겠죠?

SKT의 박정호 대표는 "넷플릭스에서 제휴 제안이 왔으나, 거절했다. 한국 (이동 통신 시장) 1위와 세계 (OTT 시장) 1위가 만나면, 한국 (미디어) 생태계는 망가진다. 생태계가 어느 정도 만들어질 때까지는 손을 잡을 수 없다"라고 말했습니다(최민지, 2020.02.24)[19]. 결국 최근 KT가 넷플릭스와 손을 잡았는데, 앞으로 후폭풍이 어떻게 몰아칠지 지켜봐야겠습니다.

미국의 유력 미디어사는 이미 자체 OTT 플랫폼을 선보이고 있습니다. 디즈니+, CBS올억세스와 쇼타임OTT, HBO맥스, 피코크, 애플TV+ 등 이름만 들어도 화려합니다. 아직은 우리나라에서는 서비스를 하지 않지만, 이들 기업이 미국에서만 서비스를 할 것으로 생각하는 사람은 아무도 없습니다.

많은 인기를 얻고 있는 유튜브와 넷플릭스에 더해서, 디즈니 +를 비롯한 많은 OTT 플랫폼이 우리 미디어 시장에 OTT 사업자로 진입할 것입니다. 국내 방송 프로그램 편당 제작비가 아무리 많아야 5억 원인 데 반해, 넷플릭스는 20억 원을 투자하고 있는 상황에서, 우리나라 제작사의 지원을 받는 콘텐츠를 해외 제작사의 지원을 받는 콘텐츠보다 더 잘 만들기는 쉽지 않을 것입니다.

그렇다면 KBS, MBC, SBS 등과 같은 지상파 방송사의 미래는 어떻게 되고, 우리나라의 미디어 산업은 어떻게 될까요? 여러분은 대체 어디에 취업할 수 있을까요? 우리는 대체 어떤 준비를 해야 할까요? 유튜브나 넷플릭스와 같은 OTT의 성장이 마냥 즐겁지 않은 이유입니다.

다른 나라의 미디어 생태계는 어떤가요?

미국의 OTT 때문에 한 나라의 미디어 생태계가 무너질 수 있다는 우려는 단지 우리나라만 걱정하는 문제가 아닙니다. 미국을 제외한 모든 나라는 동일한 위험에 처해 있습니다. 미국 기업에 시장을 완전히 빼앗길 수 있다고 우려를 하는 거죠.

그래서 해외에서는 OTT에 대한 규제가 강화되고 있습니다. 유럽의 경우, 현지 제작 콘텐츠 비중이 최소 30%를 넘겨야 한다는 내용도 있고, 외국 영상 사업자 수익의 2%를 세금으로 부과하라는 내용도 있습니다. 그러나 이러한 법률에 대해서 반론도 많습니다. 사용자의 입장에서는 나의 권리를 침해한다고 생각할 수도 있지 않을까요? '내가 보고 싶은, 우수한 콘텐츠를 지금 잘 보고 있는데, 왜 국가에서 못 보게 막는 것인가?'라고 말이죠. 사실 이 말이 틀린 것은 아닌데, 이렇게 사용자의 권리만 생각하다가는 그 나라의 미디어 산업은 쑥대밭이 될 수도 있다는 점도 고민해야 합니다.

세계 각국은 미국 OTT로 인한 미디어 산업의 붕괴를 우려하고 이에 대한 대책을 마련하기 위해, 미디어 기업 간, 국가 간 협력을 강화하는 동시에, 사용자의 권익을 보호하면서도 자국 미디어 산업의 붕괴를 막을 수 있는 규제 방안을 마련하기 위해 고민 중입니다. 미국 OTT를 규제하려면 OTT 전체 사업자에 대한 규제를 해야 하는데, 이렇게 되면 결국 국내 OTT 관련 산업의 성장을 가로막을 수도 있습니다. 규제를 하자니 산업의 발전을 막게 되고, 그냥 내버려 두자니 미국 OTT만 과실을 따먹게 되는 진퇴양난에 빠져 있습니다.

뛰는 방송 위에,
나는 OTT

▶ OTT 플랫폼은 작품도 잘 만든다

OTT가 이렇게 큰 인기를 얻은 이유는 무엇일까요? 성공 원인을 넷플릭스 사례를 통해서 찾을 수 있습니다. OTT 플랫폼이 성공하기 위해 가장 중요한 것은 역시 콘텐츠입니다. 그래서 OTT 플랫폼은 좋은 콘텐츠를 확보하기 위해 전념을 다합니다. 그런 노력 중의 하나가 자체 콘텐츠 제작입니다. 넷플릭스는 플랫폼 OTT로 출발했죠. 즉 자체 콘텐츠보다는 콘텐츠 제공업자에게 콘텐츠를 사와서 플랫폼을 꾸렸습니다. 그러나 이후 핵심 전략을 자체 콘텐츠를 제작하는 것으로 바꿨습니다.

넷플릭스 등장 후에 플랫폼과 콘텐츠 제공사(CP)의 구분은 희미해졌습니다. 넷플릭스가 처음 등장하기 전에는 콘텐츠를 사용자에게 전달하는 플랫폼과 콘텐츠를 플랫폼에 제공하는 CP가 명확하게 분리되어 있었습니다. 그러나 2013년에 넷플릭스가 〈하우스 오브 카드〉라는 오리지널 콘텐츠를 만들어 큰 인기를 얻은 후부터, OTT 시장에서는 이러한 구분이 의미가 없어졌습니다. 여러분도 잘 아는 시리즈인 〈기묘한 이야기(Stranger Things)〉 역시 넷플릭스의 오리지널 콘텐츠입니다.

플랫폼이면서 콘텐츠 홀더(content holder)의 역할을 하는 것이죠. 중요성을 잘 못 느끼지만 각각의 플랫폼에는 그에 맞는 콘텐츠가 있습니다. 플랫폼이 콘텐츠를 정의하는 것이죠. 이런 이유로 페이스북도 유튜브도 플랫폼이지만 오리지널 콘텐츠를 만들고 있습니다. 인기 있는 방송 프로그램이나 영화가 OTT에서 흥행할 수도 있지만, OTT의 특성에 맞는 프로그램이 성공할 수도 있습니다. 그렇다면 OTT의 특성을 잘 파악해야겠죠? 이에 대해서는 최적 사용자 경험에서 더 설명하겠습니다.

시청자가 좋아하는 작품을 만드는 것이 결국 돈을 지불하면서 넷플릭스를 구독하게 만드는 이유입니다. 넷플릭스가 얼마나 콘텐츠 제작에 공을 기울였는지는 다양한 수상 결과가 증명합니다. 〈하우스 오브 카드〉가 OTT 작품 최초로 에미상과 골든 글로브상을 받은 것을 비롯해서, 2018년에 공개된 넷플릭스

OTT 작품 최초로 에미상과 골든 글로브 상을 수상한 〈하우스 오브 카드〉(그림 26)

오리지널 영화인 〈로마(Roma)〉는 베니스 국제 영화제에서 황금사자상과 미국 아카데미 시상식에서 감독상과 외국어영화상, 촬영상을 수상했습니다. 2018년은 넷플릭스 작품의 우수성을 널리 알린 해였는데, TV 프로그램을 대상으로 하는 에미상 후보로 112개 작품이 올라서 그동안 가장 많은 성과를 내왔던 HBO를 제쳤습니다. 참고로 HBO는 2008년부터 지상파에서 방송하는 드라마들을 누르고 TV 드라마 주도권을 잡았는데, 여러분들이 잘 알고 있는 〈왕좌의 게임〉도 HBO 작품입니다.

자체 콘텐츠의 양도 많아지고, 작품성도 있으니 2020년 기준으로 미국에서만 6천만 명, 전 세계적으로는 190개국이 넘는 국가에서 1억 9천만 명의 가입자가 구독하는 것이겠죠. 이러한 특징은 다른 OTT도 그대로 따라 하게 됩니다. 우리나라의 웨이브도 5년 동안 3천억 원을 오리지널 콘텐츠 제작에 투자할 계획입니다.

결국 좋은 콘텐츠는 필연적으로 비용이 많이 듭니다. 그렇다면 대체 미국의 미디어사는 콘텐츠를 만들기 위해 얼마의 비용을 쓰고 있을까요? 제작비 비교를 통해서 미국 OTT 플랫폼이 얼마나 무서운지 알아보겠습니다.

▷ 영상 흥행의 9할은 돈이 만든다!

우리나라 미디어 생태계의 가장 큰 위협은 결국 미국 미디어사의 제작비입니다. 제작비는 비교 대상이 안 됩니다. 넷플릭스에서 방영되어서 더욱 유명해진 〈미스터 선샤인〉의 총 제작비는 약 400억 원이라고 알려져 있습니다. 공개를 안 했기 때문에 공식적으로는 알 수 없지만, 넷플릭스는 280억 원에 판권을 구매한 것으로 추정됩니다. 총 제작비의 70%입니다. 아마 넷플릭스가 사전 구매 계약을 하지 않았다면 〈미스터 선샤인〉은 400억 원의 제작비로 만들어질 수 없었을 것입니다.

드라마 〈미스터 선샤인〉 제작을 위해 논산에 만들어진 6,000평 규모의 야외 세트.

물론 넷플릭스 이전에 대작이 없던 것은 아닙니다. 이제까지 알려진 국내 미니 시리즈의 편당 평균 최고 제작비는 2007년에 방송한 〈태왕사신기〉의 20억 원으로 추산합니다. 큰 인기를 얻었던 〈도깨비〉는 약 10억 원이라고 합니다. 문제는 이러한 대작이 이제 넷플릭스 같은 외국 플랫폼사나 콘텐츠사의 지원 없이는 만들기가 어려워졌다는 것입니다. 그리고 아마 이런 질문도 할 수 있을 것 같습니다. 꼭 돈을 많이 투자해야 좋은 작품이 만들어지는가? 많은 투자 없이도 좋은 작품을 만들 수 있는 것 아닌가? 예, 맞습니다. 꼭 제작 액수와 콘텐츠의 질이 정비례하는 것은 아니죠.

그러나 영상 퀄리티는 얼마나 많은 돈을 투자하느냐에 따라 달라집니다. 대표적인 예가 CG입니다. CG의 정교함은 기술과 인력에 달려 있고, 이는 투자액에 비례합니다. 〈킹덤〉과 같은 좀비 장르의 경우는 CG가 중요한데, 국내 영화보다 CG 작업에 2~3배의 시간이 더 걸릴 정도로 세심하게 묘사했다고 합니다. 물론 그만큼 돈이 더 많이 들었다는 의미죠. 실사 장면도 결국은 돈이 영상미를 좌우합니다. 50명의 좀비보다는 500명의 좀비가 달려드는 장면이 더욱 웅장하며 몰입감을 높이죠. 투자 금액이 늘어난다는 의미는 〈미스터 션샤인〉과 같은 역사물의 경우 고증과 세트 구현, 의상, 소품 등을 더 사실적으로 표현할 수 있다는 말입니다. 당연히 돈의 싸움입니다.

이제 미국의 사례를 들어 볼까요? 2019년 기준으로 미디어사가 지출한 오리지널 콘텐츠 제작비를 비교해 보려고 합니다(BRIDGE, 2020.1.06)[19]. 디즈니는 압도적입니다. 34조 원(278억 달러) 가까운 돈을 콘텐츠 제작에 쏟아붓습니다. 2~5위권은 큰 차이가 없습니다. NBC유니버설을 소유한 컴캐스트, 넷플릭스, 비아컴CBS가 18조 원(150억 달러), AT&T가 17조 원(142억 달러)을 쓰고, 이후 아마존(7.8조 원, 65억 달러), 애플(7.2조 원, 60억 달러), 폭스(6.8조 원, 57억 달러)가 뒤를 잇습니다.

OTT 플랫폼의 오리지널 콘텐츠 제작비 역시 수조 원대입니다. 2018년 자료에 따르면, 넷플릭스가 18조 원(150억 달러), 아마존 '프라임 비디오'와 '애플TV+'가 7.2조 원(60억 달러), 'HBO 맥스'가 4.2조 원(35억 달러), '훌루'가 3.6조 원(30억 달러), '디즈니+'가 3조 원(25억 달러)에 달합니다(Katz, 2019.10.23)[20].

그렇습니다. 미국의 콘텐츠 제작 시장은 그 어느 나라와도 비교를 할 수가 없을 정도로 규모가 큽니다. 그럼에도 불구하고 이런 비교를 하는 이유는 여러분에게 OTT 플랫폼이 경쟁을 하게 되면 '우리나라의 웨이브나 티빙과 같은 OTT 플랫폼이 살아남을 수 있을까?'라는 질문을 던지기 위해서입니다. 이제까지는 미국의 콘텐츠를 보기 위해서, 방송사에서 선별해서 구매한 작품을 우리나라 플랫폼, 즉 지상파 방송사나 케이블 방송사를 통해서 볼 수 있었는데, OTT 플랫폼이 전면 개방되면 우리는 미국 시청자가 보는 콘텐츠를 똑같이 한국에서도 볼 수 있게 되는 것입니다. 즉, 우리가 원하면 미국 시청자가 이용하는 플랫폼을 통해서 미국 콘텐츠를 똑같이 볼 수 있다는 것입니다.

우리나라 지상파 방송사는 16부작 드라마를 찍을 경우 20

억 원 이상의 적자를 본다고 합니다. 그만큼 시청률이 떨어지기 때문이죠. 그러나 만일 미국의 OTT 플랫폼의 지원을 받는다면, 여유 있는 제작비로 작품을 찍을 수 있을 뿐만 아니라, 소재의 제약도 받지 않고, 한국에서 방송하는 것과 동시에 전 세계에 동시 공개하는 이점이 생기게 됩니다. 마치 〈킹덤〉이 넷플릭스에서 전 세계 190여 개국에서 27개의 언어로 자막 지원이 되고, 12개 언어로 음성 지원이 되며 동시 방영하는 것처럼 말입니다.

이런 조건에서 해외의 OTT 플랫폼이 우리나라에 진출하면 어떻게 될까요? 통신사는 디즈니+를 잡으려고 안달이고, 훌루나 HBO맥스, 피코크는 어떻게든 좋은 조건으로 한국 시장에 진출하려고 할 텐데, 우리나라의 미디어 생태계는 건강하게 유지될 수 있을까요? OTT 시대라고 해서 좋아할 사람들은 국내 콘텐츠 제작자와 미국 미디어 산업계 그리고 사용자입니다. 여러분들이 가고 싶어 하는 방송국은 미래가 암울합니다.

▷ 넷플릭스 오리지널 콘텐츠의 비밀

넷플릭스의 오리지널 콘텐츠가 갖는 또 다른 특징은 뭐가 있을까요? 넷플릭스만의 독특한 방식은 먼저 시리즈 전편을 한 꺼번에 공개한다는 점입니다. 즉 몰아 보기가 가능하다는 점입니다. 보고 싶어 죽겠는데, 하루나 한 주를 기다리게 만드는 것은 속 터질 일이죠. 그래서 넷플릭스는 시리즈 전편을 동시에 공

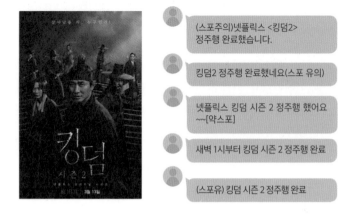

〈킹덤〉 시즌 2 개봉 당일 정주행 완료 후 달린 댓글(그림 27)

개합니다. 그러니 팬은 하루나 이틀 동안 몰아서 콘텐츠를 볼 수 있게 되죠.

〈킹덤〉 시즌 2가 2020년 3월 13일 오후 4시에 공개된 후, 당일 밤부터 "〈킹덤〉 시즌 2 정주행 완료(스포 있음)"란 제목으로 페이스북과 각종 게시판에 글이 올라왔는데, 그 숫자는 세기가 힘들 정도였습니다. 40여 분짜리 6부작이다 보니, 4시간이면 한 시즌을 다 보게 된 거죠. 만일 방송사에서 방송했다면, 3~6주가 걸렸겠지만, 시즌 전작 공개를 하기에, 하루 만에 정주행 완료를 할 수 있게 됐습니다.

그렇다면 이렇게 한꺼번에 전편을 공개하는 이유가 그저 사용자만을 위해서일까요? 전편 공개는 제작에도 변화를 가져옵니다. 전편을 동시에 볼 수 있을 경우, 스토리 전개에 큰 변화가 있습니다. 한 주에 한 편을 공개할 때는 한 주에 한 스토리가 완성되게 만들어야 합니다. 시청자가 지난주 방송을 모두 기억할 수 없기 때문이죠. 그래서 매 에피소드에 배우도 골고루 나와야 합니다.

그러나 전편을 공개한 경우는 그럴 필요가 없습니다. 몰아보기를 하는 시청자는 연속으로 에피소드를 이어서 보기 때문에 군이 한 편을 완성된 스토리텔링으로 제작할 필요가 없습니다. 몰아 보기를 한다는 전제를 하면 더욱 자유로운 작품 설정을 할 수 있게 되죠. 설령 어떤 시청자는 뜨문뜨문 본다고 하더라도, OTT의 장점인 내가 원하는 방식대로 볼 수 있기 때문에 문제가 안 됩니다. 전편을 잠시 봐도 되고, 아예 지난 시즌의 중요 부분을 되돌리기해서 봐도 됩니다. 이렇게 OTT 플랫폼의 기술적 특징은 스토리텔링을 바꾸게 되는 것입니다.

플랫폼이 콘텐츠를 정의하는 또 다른 예를 역시 〈킹덤〉으로 소개할 수 있습니다. OTT는 방송과 영화의 경계선에 있으면서 양쪽의 장점을 모두 갖습니다. 만일 넷플릭스가 아니었다면 한국형 좀비를 내세운 〈킹덤〉이 만들어질 수 있었을까요? 이런 소재의 영상은 극장용 영화로 만들 수 있겠지만, 드라마로 만든다면 어디에서 방송할 수 있었을까요? 소재의 제약이 없으면, 작가와 제작자는 콘텐츠를 더욱 창의적으로 만들 수 있습니다.

OTT 플랫폼은 규제가 매우 약하기 때문에 더 창의적인 콘텐츠를 만들 수 있습니다.

또한 사전 제작은 작품의 품질을 좌우합니다. 우리나라 드라마 업계에서 사용하는 부끄러운 용어가 있습니다. 바로 '쪽 대본'이라는 말입니다. 쪽 대본은 말 그대로 대본 몇 장을 의미합니다. 열악한 자본과 과도한 방영 시간으로 인해 사전에 대본을 완성하지 못하고, 촬영이 진행되는 도중에 대본이 작성되는 것을 비꼬아 만든 용어입니다.

사실 쪽 대본이 무조건 나쁘다고 말할 수는 없습니다. 대본과 촬영이 동시에 작성된다는 의미는 시청자 반응을 실시간으로 파악해서 시청자들이 원하는 방송을 만들 수 있다는 장점도 있습니다. 예를 들어 〈사랑의 불시착〉에서 손예진 님과 현빈 님의 사랑 이야기를 시청자의 반응을 보고 조금 느리게 전개하거나 더욱 강렬하게 또는 더욱 복잡하게 꼬아서 만들 수 있다는 것이죠.

그러나 이러한 부분 때문에 사전 제작을 안 할 수는 없습니다. 사전 제작은 작품의 완성도를 높이기 위해 반드시 따라야 할 원칙입니다. 쪽 대본 촬영은 배우는 물론이거니와 스태프를 밤샘 촬영과 장시간 노동으로 인한 열악한 노동 환경에 처하게 만들고, 제한된 제작비는 시간당 임금 수준을 낮춥니다. 넷플릭스는 사전 제작 원칙으로, 충분한 제작 시간을 보장함으로써 콘텐츠의 질을 높이기 위한 제작 환경을 조성한다는 평을 받습니다.

▶️ 데이터가 히트 영상을 만든다!

넷플릭스 때문에 스트리밍 서비스가 널리 알려졌습니다. 컴퓨터나 스마트폰에 저장을 하지 않고도 실시간으로 끊김 없이 다양한 모바일 기기에서 영상을 볼 수 있다는 것은 꽤나 매력적입니다. 그러나 수천 편이나 되는 영상 중에 내가 좋아하는 것을 어떻게 찾을 수 있을까요? 내가 좋아하는 영상을 알아서 보여 주기 위해서는 데이터 분석이 필요합니다. 이를 통해 큐레이션 서비스가 가능합니다.

그런데 스트리밍 서비스가 생각처럼 그렇게 단순하지 않습니다. 스트리밍 서비스가 온전히 사용자의 선택에 의해서 골라 보는 재미를 강조하지만, 이럴 경우 사용자는 수많은 옵션 중에서 자신이 가장 원하는 것이 무엇인지 선택해야 하는 어려움에 직면하게 됩니다.

결정은 늘 어렵습니다. 따라서 스트리밍 서비스는 언제 어디서나 원하는 영상을 볼 수 있다는 특징을 넘어, 이제는 사용자 최적 경험이라는 중대한 요구에 직면합니다. 특정 환경에서 특정 콘텐츠를 사용할 때 사용자가 가장 큰 만족감을 얻을 수 있는 요인이 무엇인지 찾아내는 기업이 살아남을 것입니다.

단, 경험의 과정이 즐거워야 하는데, 선택이 다양할수록 그만큼 고민의 폭이 넓어지게 됩니다. 그래서 자연스럽게 큐레이션 서비스의 중요성이 부각됩니다. 그렇다면 큐레이션 서비스를 하기 위해서 필요한 것은 무엇일까요? 바로 데이터입니다.

버락 오바마 전 미국 대통령이 즐겨 보는 드라마로도 유명한 〈하우스 오브 카드(House of Cards)〉가 우리나라에서도 큰 인기를 끌었습니다. 이 드라마는 데이비드 핀처 감독과 케빈 스페이시 주연의 화려한 라인업으로 에미상 감독상과 골든 글로브 TV 드라마 부문 남우 주연상의 영예를 안기도 했죠. 넷플릭스는 고객의 빅데이터를 분석해 이 드라마의 제작 스타일에 적합한 감독이 누구인지, 고객이 선호하는 배우가 누구인지를 조사했고, 이를 제작에 그대로 반영했습니다. 결과는 우리가 알고 있듯이 대성공이었죠.

물론 이 사례가 데이터가 성공 가능성을 100% 담보한다는 의미는 아닙니다. 이와는 반대로 아마존의 첫 번째 오리지널 드라마인 〈알파 하우스(Alpha House)〉는 생각만큼 성공을 거두지 못했습니다. 데이터의 양과 분석이라면 세계에서 두 번째라면 서러워할 아마존의 작품인데, 두 번째 시즌을 마지막으로 제작을 끝냈습니다. 데이터는 도구일 뿐 결국 대중의 인기를 얻는 콘텐츠는 수많은 요소가 얽혀 있음을 보여 준다는 것을 일깨워 줍니다.

스트리밍 서비스를 통해 사용자가 최적 경험을 하기 위해서 데이터의 활용은 필수적입니다. 스트리밍 서비스가 단지 인터넷 프로토콜을 통해 원하는 방송을 본다는 관점에만 머문다면 이는 과거의 주문형 비디오 수준에 머무는 것입니다. 스트리밍 서비스는 어마어마한 양의 데이터 분석과 연관되어 있습니다. 이를 통해 시청자에게 꼭 맞는 동영상을 제공할 수 있고, 이는 최고의 경험을 제공할 수 있는 시발점이 됩니다. 연장선상에서 사용자 경험을 증진하기 위한 사용자 경험 서비스의 개선은 필수적입니다. 특히 모바일과 같은 작은 크기의 디스플레이에서 구현 방식을 어떻게 최적화시킬 것인가는 핵심 가치가 될 것입니다.

넷플릭스는 데이터 분석을 통한 영상 추천 시스템에 강점을 갖고 있습니다.

미니 시리즈 드라마 제작 비용은?

국내 미니 시리즈의 편당 평균 제작비는 4~5억 원 정도입니다. 일반적으로 방송사에서 전체 제작비의 약 50%를, 그리고 해외 시장 판매, 간접 광고 그리고 협찬을 통한 광고 수익으로 나머지 50%를 조달합니다. 저작권을 방송사가 갖고 있기 때문에 더 이상의 수익을 내기 힘들죠. 그러다 보니 결국 제작비를 어떻게든 줄이기 위해 밤샘 촬영을 하며 촬영 일정을 줄이는 수밖에 없었습니다. 제작비가 사전에 마련되지 못하니 사전 제작은 꿈도 못 꾸었죠. 그래서 첫 방송을 내보낼 때 전체 방송분의 대략 20%만 제작하고, 나머지는 방송과 동시에 제작합니다.

반면 넷플릭스의 국내 첫 오리지널 드라마인 〈킹덤〉의 편당 평균 제작비는 약 15~20억 원 수준입니다. 넷플릭스에서 투자한 〈미스터 션샤인〉의 편당 평균 제작비는 약 17억 원입니다. 국내 미니 시리즈 편당 평균 제작비와 비교했을 때 4~5배 수준입니다. 넷플릭스가 얼마나 많은 투자를 했는지 짐작이 갑니다.

상황이 이렇다 보니, 인기 있는 작가와 배우를 섭외한 제작사가 가장 먼저 접촉하는 곳이 넷플릭스이고, 넷플릭스에서 성사가 안 되면 CJ ENM과 JTBC에 제안하고, 그래도 안 되면 지상파 방송사에 연락을 한다는 이야기가 들립니다. 무슨 말인가 하면, 그동안 주도적 권력을 지녔던 지상파 방송사는 자금 여력과 소재의 제한 때문에 좋은 작품을 먼저 잡을 수 있는 기회를 놓치고, 경쟁사에서 선택하지 않은 작품을 대상으로 제작 결정을 한다는 것입니다. 추락하는 지상파 방송사의 슬픈 자화상입니다.

시청자가 아닌
사용자를 기억하라

▷ 이야기를 내 마음대로, 영화 결말은 내가 선택한다

2019년 시작과 함께 넷플릭스는 〈블랙 미러: 밴더스내치(Black Mirror: Bandersnatch)〉라는 성인용 인터랙티브 영화를 선보이며, 전 세계에서 큰 인기를 끌었습니다. 다섯 개의 다른 결말을 선택할 수 있는 이 영화를 모두 보려면 총 5시간이 걸리는 것으로 알려져 있습니다.

넷플릭스가 제공하는 인터랙티브 프로그램〈블랙 미러: 밴더스내치〉

인터랙티브 영상은 제작자 입장에서 일종의 모험입니다. 어느 정도 수준으로 맞추지 않으면 사용자는 귀찮아서 손을 떼게 됩니다. 문제는 재미와 귀찮음의 경계선을 찾기가 힘들다는 것이죠. 또한 선택해야 하는 옵션을 만들어야 하기 때문에 제작비는 훨씬 많이 들게 됩니다. 선택되지 않은 영상은 버리게 되므로 낭비가 심합니다. 많은 어려움에도 불구하고 이러한 새로운 양식의 콘텐츠는 OTT 시대에 계속 소개될 것입니다. 왜 이러한 시도가 중요할까요?

디지털 시대 이전의 TV는 사회 전반에 매우 커다란 영향을 끼쳤습니다. 사람들은 저녁 시간에 친구나 동료끼리 어울리기보다는 TV 앞에 모여 시간을 보냈습니다. 이러한 경향은 후에 'TV 디너(TV Dinner)'라는 새로운 용어를 만들 정도로 일반화된 경향을 보였습니다. 이후 TV는 1990년대에 이르러 서서히 영향력이 줄어들게 되었습니다. 바로 컴퓨터와 인터넷의 도입에 따른 결과였죠. 네티즌이라 불리는 인터넷 사용자들은 단지 텔레비전을 보는 수동적 시청자의 역할을 버리고, 인터넷을 통해 영상을 보며, 음악을 다운로드받고, 자신의 의견을 소셜 미디어에 올려 의견을 표현하기 시작했습니다.

디지털 정보 사회에서 중요한 이슈 중 하나가 사용자가 얼마나 적극적으로 테크놀로지를 이용하는가, 즉 능동성(activity)에 있습니다. 내가 원하는 프로그램을 보는 것에 그치지 않고, 적극적으로 의견을 개진하고, 내가 좋아하는 프로그램과 유명인을 알리고, 소셜 미디어를 통해 트렌드를 이끌려고 하죠.

능동성은 시청자를 수동적인 존재가 아닌 적극적인 미디어 사용자로 만듭니다. 이러한 능동성의 상위 단계를 인터랙티비티, 즉 상호 작용성으로 볼 수 있습니다. 상호 작용성은 수용자의 피드백이 정보원으로 사용되는 것을 의미합니다. 능동성이 수용자(수신자)로서의 역할에 그치는 데 반해, 쌍방향 커뮤니케이션을 기반으로 하는 상호 작용성은 그 역할을 제작자(송신자)의 위치로 격상시키죠. 마치 게임처럼 내가 어떻게 조작하느냐에 따라 게임 내용이 달라지는 것과 같습니다. 새로운 정보가 입력됐으니 내용이 달라지는 것이죠. 내가 결국 제작자가 되는 것입니다.

앞으로 OTT 플랫폼에서 사용자 만족도를 높이기 위해 시행할 서비스 중 가장 기대되는 것은 인터랙티비티 서비스입니다. OTT의 특징을 잘 나타낼 수 있는 서비스로, 시청자에서 사용자로 패러다임을 바꾸는 기폭제 역할을 할 것으로 예측합니다. 내가 보고 싶은 배우를 선택할 수 있으며, 다수의 카메라로부터 제공되는 장면을 선택할 수 있게 되는 것이죠. 사용자는 웹 콘텐츠에서 원하는 스토리 라인을 선택하여 읽을 수 있으며, 생방송 진행자와는 댓글을 통해 프로그램 진행을 함께할 수 있게 됩니다. 디지털 시대의 핵심 키워드는 바로 상호 작용성입니다.

V50(듀얼 스크린)은 프로 야구를 시청할 때 영상을 선택할 수 있는 앱을 제공합니다.

디지털 기술은 지난 십여 년 동안 인터넷 기술을 활용한 다양한 서비스를 시도했습니다. 스트리밍 서비스, 주문형 서비스, 인터랙티브 서비스, 데이터 기반 사용자 추천 서비스 등을 통해 방송 서비스를 변화시켰습니다. 그 결과 영상 산업은 혁신적인 디지털 기술의 전시장으로 변모했고, 이에 따라 영상이 갖는 의미는 단순히 보고 즐기는 것을 넘어서 경험을 가능하게 하는 산업으로 성장했습니다. 이번 장에서는 OTT 서비스에서 기대되는 혁신적인 경험에는 무엇이 있는지 알아보겠습니다.

▷ 일반 방송과는 다른 OTT 차별화 전략

OTT 서비스의 가장 강력한 경쟁력은 역시 모바일입니다. 모바일 기기를 통해 시공간의 제약 없이 다양한 장르의 영상 콘텐츠를 즐길 수 있다는 점은 여타 영상 플랫폼과 비교했을 때, 가장 큰 장점이라고 할 수 있습니다.

인터랙티비티 영상 서비스 역시 모바일이기 때문에 기대가 되는 서비스입니다. 쉽게 모바일 게임을 생각하면 됩니다. 그동안 사람들은 게임을 하기 위해서 컴퓨터나 콘솔 기기 등을 사용했었습니다. 그러나 스마트폰의 발전으로 슈퍼셀의 '브롤 스타즈'와 '클래시 로열', 펍지의 '모바일 배틀그라운드'와 같은 고사양의 모바일 게임을 즐길 수 있게 됐습니다.

또한 모바일 클라우드 게임을 할 수 있게 됨으로써 컴퓨터로 즐기는 게임도 이제는 모바일 기기에서 플레이할 수 있게 된 거죠. 방송에서 상호 작용성의 개념이 어렵게 느껴진다면 모바일 게임을 영상에 대입하면 됩니다. 게임을 하듯이 영상도 내가 원하는 대로 볼 수 있다는 식으로 말이죠. 영상 역시 모바일 기기의 스크린에 직접 터치를 함으로써 편리하게 조작할 수 있는 장점을 살린 것입니다.

상호 작용성은 인터넷 프로토콜 기반의 서비스가 갖는 장점을 그대로 서비스에 녹여낸 것인데, 가장 대표적인 예는 역시 넷플릭스입니다. 넷플릭스는 2017년부터 사용자의 선택에 따라 내용의 진행과 결말이 달라지는 인터랙티브 드라마를 소개하기 시작했습니다.

넷플릭스에서 2017년에 선보인 〈장화 신은 고양이(Puss in Book: Trapped in an Epic Tal)〉와 〈버디 썬더스트럭(Buddy Thunderstruck)〉은 어린이를 겨냥해서 드림웍스 애니메이션과 함께 만들었습니다. 〈장화 신은 고양이〉의 경우, 시청자는 영상을 보면서 총 열세 번의 선택을 통해 완전히 다른 두 개의 결말을 볼 수 있게 만들었고, 〈버디 썬더스트럭〉은 총 일곱 번의 선택으로 네 개의 완전히 다른 결말을 볼 수 있게 제작되었습니다. 어린이들은 자신이 좋아하는 옵션을 선택한 후, 다시 다른 옵션을 선택하기 위해 이미 봤던 영상을 다시 보는 과정을 반복합니다. 그들에게는 옵션 하나하나가 전체로 받아들여지기 때문이죠.

동일한 제목에서 다수의 스토리텔링을 갖는 콘텐츠는 이미
비디오 게임에서 적지 않게 소개되었습니다. 게이머의 선택으로
다양한 진행 과정을 통해 여러 개의 결말을 갖는 형태의 게임은
낯설지 않죠. 그러나 방송 영상 시장에서 과정과 결과를 선택할
수 있는 시도는 매우 드뭅니다. 무엇보다도 많은 제작비와 제작
기간이 큰 걸림돌이기 때문입니다. 그렇기 때문에 시청자가 선
택할 수 있는 인터랙티브 스토리텔링 콘텐츠가 OTT 서비스의
비즈니스 모델로 당장 채택될 것 같지는 않습니다.

　　넷플릭스의 경우만 하더라도, 이 서비스가 세계 시장에 당
장 지원되는 것이 아니고, 게다가 모든 기기에서 이 서비스를 즐
길 수 있는 것도 아닙니다. 가장 큰 문제점은 시청자가 선택을
해야 하기 때문에 시나리오에 따라 그만큼 많은 제작 비용이 들

〈블랙미러: 밴더스내치〉의 인터랙티브 스토리 라인(그림 28)

고, 제작 기간이 더 길어질 수 있다는 것입니다. 또한, 한 편의 작품을 다양하게 만드는 것보다, 그 비용으로 다양한 작품을 만드는 것이 더 낫다고 판단할 수도 있죠.

그러나 넷플릭스의 지위와 세계적 영향력에 비춰 보면, 이러한 시도가 단순히 하나의 기념비적 역사를 남기는 것으로 그칠 것 같지는 않습니다. 이러한 시도가 재시청률을 높일 수 있고, 이에 따라 고객 충성도를 높일 수 있으며, 사용자 몰입도를 더욱 높이는 효과가 있다면 이야기는 달라지기 때문입니다.

일방향 콘텐츠를 제공하는 다른 플랫폼이나 OTT 서비스와의 차별화를 통해 자사의 서비스를 계속 사용하게 하고, 이러한 서비스를 통해 어린이 시청자가 긍정적 태도를 형성함으로써 플랫폼의 지속적 이용을 가능하게 하는 원동력이 될 수 있다는 점에서 시장의 확대를 꾀할 수도 있을 것입니다. 이러한 이유로 향후 OTT 사업자의 인터랙티브 스토리텔링 서비스는 양적인 면에서도 질적인 면에서도 증가할 것으로 예상됩니다.

▷ 난 '정국' 님만 볼 거야

새로운 테크놀로지를 적극적으로 채택하는 것으로 유명한 넷플릭스가 실감 콘텐츠에 관심을 드러내는 것은 당연하겠죠? 넷플릭스는 그간 360도 동영상이나 가상현실과 같은 차세대 디지털 콘텐츠 포맷에 대해서는 소극적 태도를 보이는 듯했으

나, 인기 드라마인 〈기묘한 이야기〉의 짧은 비디오 클립을 360

360도 동영상으로 제작한 넷플릭스 자체 제작 프로그램 〈기묘한 이야기〉

도 동영상으로 만드는 시도를 했습니다. 인터랙티브 프로그램에 비해 아직 성과가 미미하지만, 모바일 환경으로 급격하게 진행되는 영상 콘텐츠 소비를 고려한다면, 360도 환경 기반 콘텐츠의 증가 폭은 점차 확대될 것으로 보입니다.

360도 동영상은 360도를 모두 영상에 담는다는 점에서 기존의 영상 제작 과정과는 많이 다릅니다. 360도로 영상이 제공되기 때문에 이론적으로 말하면 사용자는 자신이 원하는 장면을 선택해서 볼 수 있습니다. 그러나 이렇게 되면 작가가 원하는 스토리 라인대로 진행되기 힘들기 때문에, 영상 속에서 스토리 라인을 따를 수 있는 단서를 계속 배치하는 식으로 사용자를 끌고 가야 합니다.

360도 동영상은 아니지만, 멀티 뷰(Multi View) 영상 역시 OTT 플랫폼에서 소개할 새로운 콘텐츠 양식입니다. 멀티 뷰는 말 그대로 하나의 디스플레이에서 다수의 영상을 볼 수 있는 것을 의미합니다. 가령 동시에 중계하는 프로 야구 네 경기를 보고 싶다면, 중계 방송하는 네 개의 채널을 선택하는 것이죠. 이미 IPTV에서 서비스를 하고 있기는 하지만, 5G 시대에는 단지 채널을 선택하는 것이 아니라 카메라를 선택할 수 있는 단계까지 발전할 것입니다.

Part 1에서 설명했지만, 5G 네트워크는 기본적으로 8K 영상을 지원할 수 있을 정도의 대용량 전송이 가능한 네트워크죠. 이 말은 멀티 뷰가 지원된다면, 네 개의 4K 영상을 초당 60프레임 속도로 스트리밍을 할 수 있다는 의미입니다. 즉, 한 번에 네 개의 4K 영화를 스마트폰 하나에서 스트리밍한다는 것이죠. 또한 풀HD 영상은 한 번에 16개까지 전송할 수 있습니다. 5G 시대에 폴더블 스마트폰이 유행할 수 있다는 이유가 멀티 태스킹(multi-tasking)을 할 수 있다는 것인데, 영상 콘텐츠의 멀티 뷰도 이에 해당합니다.

멀티 뷰를 통해 내가 좋아하는 '아이즈원'의 멤버만 계속 볼 수도 있습니다.

예를 들어 MTV에서 BTS의 공연을 방

360도 카메라를 활용하는 콘서트(그림 29)

송한다고 해 보죠. 공연장에는 수많은 카메라가 있습니다. PD는 많은 카메라 중에서 자신이 생각하기에 가장 좋은 영상을 보여주는 카메라를 선택하겠죠. 그러면 시청자는 PD가 보내 주는 영상을 보는 겁니다. 그러나 멀티 뷰 조건을 제공할 경우에는 내 마음대로 카메라를 선택할 수 있습니다. 여덟 개의 화면에 전체 공연 영상 하나와 정국, 지민, 뷔, 슈가, 진, 알엠, 제이홉의 영상을 계속 띄워 놓을 수 있다는 의미입니다. 내 스마트폰에서는 내가 PD가 되는 거죠.

다시 한 번 강조하지만, 좋은 기술이라고 해서 반드시 사용자를 끌어들이는 것은 아닙니다. 수많은 기술 중에, 사용자에게 가장 적합하거나 또는 변화하고자 하는 환경에 맞는 기술만 살아남게 됩니다. 이런 점에서 사용자 경험은 매우 중요합니다. 3D 영상 산업이 실패한 이유는 바로 사용자 경험에 적합하지 못했기 때문입니다. 360 동영상은 어떨까요? 360도 동영상을 모바일 기기로 구현하는데, 기존의 영상 문법으로 촬영해서는 성공할 것 같지 않습니다. 새로운 플랫폼이 콘텐츠를 정의하듯이, 새로운 영상 문법이 필요합니다.

▶ 미디어에도 인공지능 서비스가 도입됐다고?

이제까지 OTT가 방송의 미래이며, 앞으로 어떤 새로운 서비스가 나올지 설명을 했지만, 가장 중요한 기술은 남겨 두었습

아마존의 음성 인식 인공지능 개인 비서 알렉사(그림 30)

니다. 바로 인공지능입니다. 인공지능이 우리 사회 전 영역에 적용되고 있듯이 OTT 분야에도 마찬가지입니다.

현재 가장 유용하게 쓰이는 분야는 시청자에게 더욱 편리한 사용 경험을 제공하는 음성 인식 서비스인 대화형 인공지능(conversational AI)을 들 수 있습니다. 아마존의 음성 인식 인공지능 개인 비서인 '알렉사(Alexa)'가 대표적입니다. 처음에는 알렉사라는 음성 인식을 통해 정보 검색과 음악 재생, 홈 오토메이션 등의 기능만 사용할 수 있었을 뿐, 방송 영상과 관련해서는 딱히 눈에 띄지 않았지만, 인식률이 높아지면서 다양한 서비스를 할 수 있게 됐습니다.

영상과 관련된 서비스의 예는 '비디오 스킬 API(Video Skill

▶ 요즘은 OTT가 체질

API)'를 들 수 있을 것 같습니다. 아마존이 OTT와 유료 방송사와 협업해 알렉사로 하여금 음성 명령 리모컨의 역할을 하게 함으로써 새로운 서비스가 나오기 시작했습니다. '비디오 스킬 API'를 통해 콘텐츠 제공업자는 자사의 앱으로 음성 명령을 내리는 것이 가능해진 것입니다. 표준화된 방식이므로 어떤 콘텐츠 제공업자라도 배우와 감독, 장르 등에 따른 콘텐츠 검색뿐만 아니라 재생과 멈춤, 볼륨 조절 등의 기능을 제공합니다. 특히 해당 API를 이용하는 각 업체가 제공하는 콘텐츠 단위로 명령을 내릴 수 있기 때문에 사용자 입장에서는 편의성이 획기적으로 증가하게 됩니다.

조금 더 쉽게 설명해 볼까요? 애플의 iOS는 애플만 사용할 수 있는 반면, 구글의 안드로이드 OS는 삼성전자, LG전자, 화웨이, 샤오미 등 전 세계에 걸쳐 다양한 회사가 사용하고 있습니다. 구글이 누구라도 쓸 수 있게 소스를 공개했기 때문이죠. 그러다 보니 안드로이드폰을 만드는 회사는 다양하고, 생태계도 풍부해졌습니다.

첫 스마트폰이 나온 2007년에는 애플이 스마트폰 점유율을 100% 독점하다가, 현재는 10%대로 떨어진 이유는 애플이 iOS를 공개하지 않고 아이폰에만 사용하고 있기 때문입니다. 아마존이 '비디오 스킬 API'를 공개한 것은 알렉사 생태계를 만든다는 의미입니다. 누구라도 자사의 기술을 사용해서 아마존에서 잘 작동하게만 만들면 된다는 것이죠. 그렇게 되면 아마존 API를 활용한 생태계가 풍요로워지겠죠? 양이 많으면 질도 좋아지겠고요.

이미 아마존이 OTT 셋톱 박스인 '파이어TV(FireTV)'에 알렉사를 적용했고, 터치스크린을 갖춘 '에코 쇼(Echo Show)'를 통해 방송영상 프로그램에도 알렉사를 본격적으로 활용하고 있습니다. 구글의 경우 구글홈과 크롬캐스트(Chromecast)의 연동을 통해 TV 및 동영상 서비스를 조작할 수 있게 하고, 안드로이드 TV 자체에서 구글 어시스턴트(Assistant)를 지원하며, 애플은 애플 TV에서 음성 인식을 통한 동영상 검색과 재생 등을 제공하고 있습니다.

한편, 국내의 경우 KT가 IPTV 셋톱 박스와 연동하는 '기가 지니'를 선보이면서 TV 서비스와 인공지능 개인 비서의 결합을 강조하고 있어, 음성 인식 인공지능을 통한 명령 방식은 갈수록 확대될 예정입니다.

사용자 경험을 극대화하기 위한 기술은 광고에도 적용됩니다. 지금이야 넷플릭스 때문에 구독형 OTT가 일반적인 비즈니스 모델로 보이지만, 구독형 모델은 전적으로 구독자의 숫자에 의존하기 때문에 지속 가능하지 않습니다. 역시 광고를 기반으로 한 비즈니스 모델이 OTT 시장에서도 주류가 될 것입니다.

앞으로는 광고가 문제가 아니라 어떤 광고인가가 더 중요하게 될 것입니다. 전통적인 방송 텔레비전은 소위 말하는 목적지가 없는 광고입니다. 말 그대로 광고 같은 광고를 내보냈습니다. 그러나 유튜브 동영상을 보기 위해 앞에 붙는 광고 중에는 그 독특함과 호기심, 재미, 관심 분야 때문에 일부러 보는 경우도 있습니다.

팬덤을 공략한 병맛광고

중요한 것은 이제 광고도 사용자 경험 중심으로 바라봐야 합니다. 제품과 브랜드를 소개하기 위해서 만든 제작자 위주의 광고가 아니라 사용자 위주의 광고에 더 집중해야 합니다. 광고의 패러다임을 바꿔서 생각해야 합니다. Part 2에서 소개했던 어드레서블 광고와 같은 타깃 광고가 제대로 정착된다면 광고 역시 콘텐츠로 받아들일 수 있습니다. 이렇게 하기 위해서는 역시 빅데이터 분석과 인공지능 알고리즘이 중요하죠. 이것에 대해서는 Part 4에서 자세히 다루겠습니다.

360도 동영상은 가상현실인가?

가상현실 방송이라는 용어가 방송가에서는 심심찮게 등장하고 있습니다. 아마이 책을 읽고 계신 독자 중에서도 가상현실 방송을 직접 보신 분도 계실 겁니다. 그러나 여러분께서 보신 가상현실 방송이 진짜 가상현실 방송인지 여부는 따져 봐야 할 것 같습니다. 왜냐하면, 가상현실 방송이라고 말하는 대부분의 영상은 현실을 촬영한 영상, 즉, 가상이 아닌 진짜 현실을 찍은 영상인 '진짜 현실 방송'이기 때문이죠. 다만, 기존의 영상이 평면이었다면, 이 영상은 360도로 촬영했다는 차이가 있을 뿐입니다.

가상현실이란 사용자가 완전한 상태로 몰입하고 상호 작용할 수 있는, 100% 컴퓨터 그래픽으로 만들어진 가상의 세계를 의미합니다. 반면, 360도 동영상이란 말 그대로 한 대 또는 다수의 동영상 카메라를 이용하여 360도 파노라마 촬영을 한 영상을 말합니다. 일반적인 영상과의 유일한 차이점은 기존에는 전면부만 촬영했다면, 360도 동영상은 말 그대로 360도를 촬영한 영상이라는 점뿐입니다. 결론적으로 360도 동영상은 가상현실이 아닙니다.

그러나 사용자에게 이러한 학술적 구분은 무의미할 듯합니다. 360도 동영상이 가져다주는 생생하면서도 이전에 경험해 보지 못한 새로운 감동이 가상의 즐거움을 주기 때문일까요? 현재 방송 영상 시장에서 가상현실이라는 표현은 360도 동영상과 컴퓨터 그래픽으로 만든 가상의 것을 모두 포함합니다.

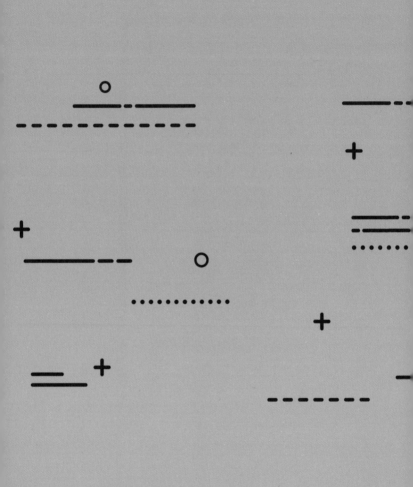

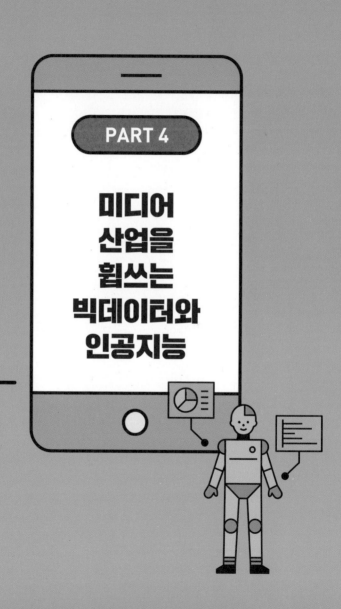

PART 4

미디어 산업을 휩쓰는 빅데이터와 인공지능

데이터가 기획하고,
프로그래밍이 만든다

▷ 리얼 타임 렌더링이 만드는 시각화 혁신

영상을 보는 것도 재미있지만, 만드는 것도 재미있죠? 물론 5분 분량의 영상 한 편을 만드는 데 들어가는 시간과 노력을 생각해 보면 참으로 힘든 작업입니다. 그러나 완성된 작품을 보면 뿌듯함을 느끼죠. 콘텐츠의 힘은 정말 대단합니다. 지식과 감정을 전달하며, 웃고, 울게 만드는 콘텐츠의 힘을 여러분은 느껴 보셨겠죠?

영상 콘텐츠를 만드는 마지막 단계가 편집입니다. 아마 여러분도 간단한 영상 편집 프로그램을 한 번쯤은 사용했으리라 생

게임 엔진으로 만든 실제 같은 야경(그림 31)

각합니다. 유튜브에 공개하기 전에, 유튜브에서 제공하는 자동 편집 프로그램을 이용했다면 이것 역시 편집입니다. 꼭 카메라로 촬영을 하지 않아도, 전문 프로그램으로 편집을 하지 않더라도, 스마트폰으로 영상을 찍고, 스마트폰에서 편집했어도 여러분은 훌륭한 영상 콘텐츠 제작자입니다.

영상 편집 프로그램 하면 가장 널리 알려진 것은 애플의 파이널 컷 프로(Final Cut Pro)와 어도비 프리미어 프로(Adobe Premiere Pro)입니다. 그러면 혹시 언리얼(Unreal) 엔진이나 유니티(Unity) 엔진은 들어 보셨나요? 언리얼과 유니티는 원래 게임 제작용으로 만든 엔진입니다. 그런데 최근에는 영상, 디자인, 시각화 등에 많이 활용되고 있습니다. 애니메이션으로 유명한 픽사르(Pixar)사의 최초 VR 영화인 〈코코(Coco)〉, 〈디스트릭트 9(District 9)〉의 감독인 닐 블롬캠프(Neill Blomkamp)가 만든 〈아담(Adam: The Mirror)〉 등은 모두 유니티 엔진으로만 만든 영화입니다. 이 밖에도 〈정글북(The Jungle Book)〉, 〈블레이드 러너 2049(Blade Runner 2049)〉, 〈레디 플레이어 원(Ready Player One)〉 등도 유니티를 활용해 만들었습니다.

리얼 타임 렌더링으로 영상 작업의 혁신을 이룬 게임 엔진

영상 산업으로 들어온 유니티와 언리얼 엔진의 영향력은 앞으로 더욱 커질 것입니다. 그 이유와 이 두 엔진에 대해서 더 자세히 알아볼까요?

▷ 게임 엔진이 만드는 새로운 콘텐츠 세상

대표적인 실감 미디어 콘텐츠는 혼합현실이나 가상현실이라는 것을 앞에서 배웠죠. 그렇다면 이런 가상의 CG는 무엇으로 만들까요? 짐작했다시피, 언리얼과 유니티가 가장 많이 쓰이는 프로그램입니다. 특히 실감 미디어 분야에서 이러한 게임 제작 엔진을 많이 활용하는데요. 그 이유는 게임 엔진이 작업을 더 빠르고 쉽게 만들어 주기 때문입니다. 가령 정육면체를 그린다면, 꼭짓점에 대한 좌표 정보와 색상 등의 데이터를 직접 입력해야 하지만, 엔진을 이용하면 이미 구성된 제작 툴에 따라 간단한 클릭만으로 원하는 도형을 만들 수 있습니다. 그리고 게임 엔진으로 만든 콘텐츠는 사실성이 매우 뛰어납니다. 두말할 것 없이 옆에 있는 광고 영상을 한 번 보시죠. 이 광고는 유니티가 만든 자동차 광고입니다. 수업 때 이 영상을 보여 준 후 이 영상이 실제로 카메라로 찍은 게 아니라 CG라고 하면 모두 깜짝 놀랍니다.

이 영상은 어떤가요? 디지털 휴먼 '사이렌'입니다. 여러분의 이해를 돕기 위해서 '사이렌'이 어떻게 만들어졌는지 비하인드 영상도 함께 준비했습니다. 영화를 좋아하는 친구들은 알겠지만, 〈아바타〉나 〈혹성탈출〉, 〈캣츠〉와 같은 영화에서 가상의 캐릭터는 모션 캡처를 통해 표정과 걷는 모습 등을 촬영합니다. 모션 캡처는 자연스러운 몸짓을 만들기 위해 필요한 작업이죠.

자연스러운 얼굴 모습과 몸짓을 구현했으니, 이제 사람 모습이 필요하겠죠. 이 작업을 게임 엔진으로 할 수 있습니다. 아직은 100% 사람의 모습과 똑같다고 말할 수는 없으나 매우 사실성이 뛰어나다는 것을 부인할 수 없습니다. 무엇보다 중요한 것은 실시간 작업이 가능하다는 것입니다. 배우가 짓는 표정을 가

가상 캐릭터를 만드는 기반이 되는 모션 캡처(그림 32)

상의 캐릭터가 그대로 실시간으로 구현하니, 감독은 모니터를 보면서 바로 확인할 수 있습니다.

　이제는 게임 엔진에 대해서 알아보겠습니다. 먼저 언리얼은 에픽 게임즈(Epic Games)의 게임 제작 엔진으로부터 출발했습니다. 게임을 좋아하는 독자는 잘 알겠지만, 에픽 게임즈는 '포트나이트'를 만드는 회사이고, 이 게임을 바로 언리얼 엔진으로 제작했습니다. 그러나 현재는 게임에 국한되지 않고 다양한 개발 템플릿을 제공하는 것으로 발전됐습니다. 언리얼 엔진은 예술적 완성도를 높이기 위한 최고의 솔루션으로, 다른 게임 엔진보다 비주얼 편집 도구 기능이 더 충실하고 다양합니다. 특히 제작 환경상, 협업을 중심으로 하기에, 팀 작업에 적합한 툴과 워크플로우를 제공해서 다양한 분야의 인재들이 협업할 수 있는 환경을 제공하는 것도 장점이죠.

다음은 유니티입니다. 유니티는 가상현실, 혼합현실, 홀로그램 등 실감 미디어 콘텐츠를 제작하는 데 많이 활용되고 있습니다. 유니티는 원래 플래시로 구현이 힘든 3D를 구현하기 위해 만들어진 제작 툴이었지만, 가볍고 저렴한 비용으로 스마트폰 게임 개발 시장에서 성공했고 이를 기반으로 가상현실 시장까지 확장되어 사용되고 있습니다. 유니티의 최대 장점은 사용자 친화적이라는 점입니다. 직관적이며 간단한 버튼 조작만으로도 빌드가 가능해서 처음 사용하는 사람도 쓰기 쉽습니다.

제가 이 두 개의 소프트웨어를 소개하는 이유는 여러분이 관심만 있다면 꼭 배우기를 바라기 때문입니다. 물론 쉽지는 않습니다. 배우다 보면, C#과 자바스크립트, C++ 등의 프로그래밍 언어를 배워야 할 필요성을 느낄 것입니다. 그러나 처음 시작할 때는 프로그래밍 언어를 모른다고 해도 배우는 데 큰 문제는 없습니다.

특히 초급자에게는 유니티를 권합니다. 유니티는 가벼운 에디터, 높은 활용도, 직관적인 인터페이스, 모바일 개발에 최적화된 기능적 장점, 멀티 플랫폼 지원과 더불어 사용자 친화적이어서 초보 개발자에게 적합합니다. 게다가 무료입니다. 유니티는 연간 수익이 10만 달러 이상일 경우에만 구독료를 내고, 언리얼 역시 수익을 창출할 시 분기당 제품별 3,000달러을 초과하는 총 수익에 대해서 5%의 인세를 내는 식으로 운영됩니다.

단언하건대, 앞으로 이 두 엔진의 활용도는 매우 높아질 것입니다. 게임 제작이나 영상 제작, 가상현실이나 혼합현실 등 다양한 콘텐츠를 만드는 데 중요한 도구가 될 것입니다. 미디어와 콘텐츠에 관심이 많다면 이러한 프로그램을 꼭 배워서 여러분의 꿈을 이루는 데 소중한 도구로 활용하기 바랍니다.

▷ 유튜브는 어떻게 내가 원하는 콘텐츠를 계속 보여 줄까?

데이터가 쌓이면, 이 많은 데이터를 어떻게 처리할까요? 사람이 일일이 처리하기는 불가능하겠죠? 그래서 빅데이터는 필연적으로 인공지능 기술과 접목될 수밖에 없습니다. 데이터를 수집할 수 있다면, 다음 단계는 이렇게 쌓인 빅데이터를 분석, 처리하는 것입니다.

이러한 서비스를 가장 잘 구현하는 곳을 하나만 꼽으라면 저는 유튜브를 선택하겠습니다. 유튜브의 성공 원인은 추천 알고리즘입니다. 내 취향을 잘 분석해서 내가 좋아할 만한 콘텐츠만 추천하기 때문에 계속해서 유튜브에 머물게 됩니다. 사용자가 좋아하는 영상이 제공될 수 있는 이유는 인공지능을 활용한 추천 서비스 때문입니다. 유튜브 동영상의 70%를 인공지능이 추천하는 것으로 알려져 있는데, 이로 인해 동영상 하나를 보고 나면 또 다른 눈길을 끄는 동영상이 연이어 나와, 계속해서 영상을 보게 되는 식이죠.

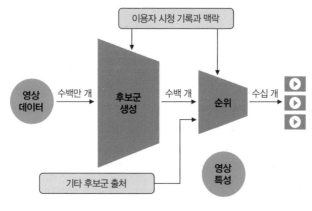

이용자 시청 기록과 맥락

영상
데이터

수백만 개

후보군
생성

수백 개

순위

수십 개

기타 후보군 출처

영상
특성

유튜브 추천 알고리즘(그림33)

결국 추천 시스템의 장점은 내가 좋아하는 콘텐츠에 지속적으로 노출됨으로써 '알아서 다 해 주는' 편리함을 누릴 수 있다는 것입니다. 아직까지 충분히 만족할 만한 결과가 지속적이면서도 안정적으로 제시되지 못하기 때문에, 이러한 기술 발전은 진행형입니다.

고객의 사용자 경험을 최적화하기 위해서 사용자의 행동 패턴을 읽어야 하는데, 데이터를 분석한 후 이를 알고리즘 모델링하는 것이 아직 정확하지 않습니다. 사용자 행동은 다양한 환경에서 사용자의 기분과 동기 등 다양한 원인에 따라 변화되기 때문에 예측하기가 어렵습니다. 빅데이터를 분석하고 사용자의 행동을 예측할 수 있는 알고리즘을 만들어, 사용자의 취향에 꼭 맞는 영화와 프로그램 등을 추천하는 데이터 기반 개인화 콘텐츠 서비스가 제공될 때에야 비로소 개인화 서비스가 제공될 수 있을 것입니다.

데이터 기반의 추천 시스템으로 잘 알려진 디지털 트랜스포메이션 기업 왓차

▷ 좋은 영상은 좋은 데이터가 만든다

유튜브, 넷플릭스, 페이스북 등 전 세계 사용자들이 사용하는 서비스를 운영하는 기업들은 공통점이 있습니다. 바로 데이터와 인공지능을 잘 활용한다는 점입니다. 디지털 기술을 활용해서 문제를 해결하고자 하는 디지털 트랜스포메이션(digital transformation)을 지속적으로 강화한 것입니다.

데이터가 쌓인 후 중요한 역할을 하는 것이 인공지능입니다. 이제 빅데이터는 인공지능과 결합해서 인간이 만들어 내지 못하는 결과물을 산출할 수 있는 소중한 자산으로 자리 잡았습니다. 엄청난 양의 데이터를 확보하고 있지만, 사용 방안을 몰라 컴퓨터에 잠자고 있는 데이터가 딥 러닝을 통해 사용자에게 전해 줄 편의성은 우리의 상상을 뛰어넘을 것입니다. 곳곳에 설치될 센서가 전해 주는 데이터를 어떻게 활용하느냐에 따라, 새로운 서비스의 등장 여부가 결정될 것입니다. 아직까지는 우리의 삶에 깊게 침투하지 못한 빅데이터가 인공지능을 만나 시민과 사회에게 가져올 편익을 고려해 보면 그 가치는 무궁무진합니다.

인공지능이 바꿔 놓을 우리의 삶은 감히 상상할 수가 없습니다. 마치 2016년 3월 알파고와 이세돌 9단의 대국 당시, 대부분의 바둑 기사와 컴퓨터 사이언스 전문가가 이세돌 9단의 우세를 예측한 것처럼, 저는 현재 전문가라 불리는 사람들이 예측하는 미래는 전부 틀릴 것으로 생각합니다. 그 누구도 인공지능이 갖고 있는 그 자체의 영향력을 가늠하기 힘들기 때문이죠. 게다가 인공지능 기술이 사회의 각 분야에 적용됐을 경우, 그 이후 변화할 모습은 인간의 상상력으로 그리는 것이 불가능할 정도로 미지의 세계라고 생각합니다.

이제는 빅데이터를 통한 시청자 분석을 넘어서 인공지능을 통해 각본을 쓰고, 영상을 촬영하고 편집하며, 유통에 대한 만족도 평가를 하면서 기존의 콘텐츠 전략과는 차원이 다른 시도를 하고 있습니다. 간단한 예가 앞에서 살펴봤던 웹툰과 웹 드라마로 대표되는 웹 콘텐츠입니다. 웹 콘텐츠는 모바일 시대의 새로운 콘텐츠로 인기를 얻고 있죠. 특히 젊은층에게요. 웹 콘텐츠와 같은 내로우 미디어 콘텐츠는 사용자 분석을 통해서 개인화 서비스를 더욱 강화할 것입니다. 똑같은 네이버웹툰을 보더라도 내 스마트폰에서 보이는 네이버웹툰의 첫 페이지와 친구가 보는 첫 페이지는 다르게 될 것입니다.

또한 시장 확대를 꾀하고 있는 OTT 업계는 음성 인식 기능과 인터랙티비티 기능의 강화를 통해 혁신적인 서비스를 소개하고 있으며, 360도 동영상은 스포츠 중계를 필두로 그 영향력을 더욱 확대해가고 있습니다. 여기에 더해 인공지능이 영상 산업에 접목됨으로써 제작자와 시청자 모두의 이익을 극대화하는 중입니다.

디지털 트랜스포메이션이란?

4차 산업혁명이란 말을 많이 들어 봤을 겁니다. 빅데이터와 인공지능과 같은 혁신 기술이 곳곳에 적용된 정보화 사회를 넘는 새로운 세계를 의미합니다. 그런데 이 용어는 우리나라만 특히 많이 사용할 뿐 다른 나라에서는 잘 쓰지 않습니다. 사실 산업혁명이라고 말하기 위해서는 말 그대로 혁명과 같은 변혁이 일어나야 하는데, 아직까지 눈에 띄는 변화를 이야기하기는 힘든 단계입니다. 그래서 영어권 국가에서는 디지털 트랜스포메이션이란 용어를 사용합니다. 이것을 번역하면 디지털로 전환한다는 것이죠. 가령 이런 것입니다. 화장품 회사인 로레알은 인공지능 알고리즘을 이용해서 스마트폰 앱과 연동해 개인 맞춤형 화장품을 즉석에서 제조합니다. 요즘 웬만한 프렌차이즈 음식점은 주문을 키오스크로 하죠. 여기에서 더 나간 것이 로봇을 활용한 커피 제조와 요리입니다.

그런데 디지털 트랜스포메이션에는 반드시 기억해야 할 중요한 의미가 있습니다. 그것은 단지 기술적인 전환만을 의미하지 않는다는 것입니다. 기술의 전환은 물론, 이를 사용하는 사용자의 태도 역시 전환되어야 함을 말합니다. 키오스크로 주문하는 것보다 여전히 직원에게 주문하는 것이 편한 사람들이 많습니다. 장을 볼 때, 쿠팡이나 마켓컬리를 이용하기보다 여전히 마트에서 가서 장을 보는 것이 더 편한 사람도 있습니다. 어떻게 하면 이런 사용자도 디지털을 아무런 불편 없이 이용하게 만들 수 있을까요? 디지털로 변화되는 과정에서 사용자가 아무런 불편 없이 긍정적인 태도를 갖게 만드는 것 역시 디지털 트랜스포메이션입니다.

빅데이터는 왜 중요한가요?

인공지능이 가능하게 된 것은 하드웨어와 소프트웨어 기술의 발달이 병행되었지만, 무엇보다도 빅데이터를 빼놓을 수 없습니다. 즉 빅데이터가 없으면 인공지능 기술도 실현될 수 없습니다. 구글, 네이버, 아마존과 같은 빅데이터를 수집할 수 있는 기업의 출현은 동시에 인공지능의 구현을 가능하게 한 것입니다.

데이터는 서 말 구슬이고, 결국 꿰어야 보배입니다. 2014년에 번역되어 우리나라에서도 많은 주목을 받았던 네이트 실버의 책 제목인 《신호와 소음》처럼, 데이터는 활용하지 못하면 소음과 같은 쓰레기로 남게 되고, 잘 활용하면 미래를 예측할 수 있는 유용한 신호로 사용될 수 있습니다(Silver, 2012)[21].

그렇다고 해서 빅데이터가 단지 데이터의 양(volume)만을 의미하는 것은 아닙니다. 빅데이터는 양뿐만 아니라, 텍스트, 오디오, 동영상, 로그 파일 등 정형, 비정형, 반정형 데이터 등 다양한 형태(variety)를 포함합니다. CCTV를 찍는 우리의 모습도 데이터란 의미입니다. 또한 빠르게 처리해야 하는 속도(velocity)와 신뢰성을 담보하는 정확성(veracity), 결과의 의미를 가져야 하는 가치(value)까지 포함하는 등 그 범위가 넓고 깊습니다. 빅데이터의 이러한 특징을 5V라고 하는데, 5V를 포괄하는 데이터를 수집해서 분석하는 과정이 간단하지 않습니다. 그래서 빅데이터는 데이터 사이언스라는 이름으로 발전하고 있고, 이를 산업과 연계하는 방법을 체계화하며, 가장 유망한 분야로 진화하고 있습니다.

인공지능이
시나리오와 영상을 만들다

▷ 인간 + 인공지능 = ?

알파고 이후로 인공지능은 매우 보편적인 단어로 사용되고 있습니다. 크게 유행하고 있는 4차 산업혁명이라는 용어 때문인지, 어느 분야건 인공지능을 이야기하지 않는 분야를 찾아보기 힘들 지경이죠. 방송 영상 분야도 인공지능 기술의 적용을 피할 수 없습니다. 방송 영상 산업에서 인공지능 기술의 적용 분야는 제작 단계에서부터 시청자 분석까지 전 영역에 걸쳐 있습니다.

시나리오를 쓰는 것부터 시작해서 이미 세상에 존재하는 영상이나 이미지를 이용해서 새로운 영화로 만들기도 합니다.

데이터와 인공지능을 활용해 사용자 최적 경험을 제공하는 넷플릭스 연구소(그림 34)

음악도 작곡하고, 작사도 하며, 영상의 특정 영역에서는 필터링 기능을 사용해서 영상에 가장 어울리는 편집을 하기도 합니다.

혹시, 인공지능이 시나리오를 쓴다는 상상을 해 보셨나요? 글을 쓴다는 것은 인간의 고유한 속성인 창의성에 관한 것인데 인공지능이 과연 시나리오를 쓸 수 있을까요? 영상 제작 단계에 서 인공지능 기술 활용의 대표적 사례는 벤저민(Benjamin)을 들 수 있습니다. 벤저민은 2016년에 영화감독 오스카 샤프(Oscar Sharp)와 인공지능 학자인 로스 굿윈(Ross Goodwin)이 함께 만든 시나리오 전문 인 공지능입니다. 2016년 온라인으로만 개봉한 영화인 〈선스프링(Sunspring)〉은 9분짜리 공상 과학 영화로 인공지능인 벤저민이 쓴

인공지능 벤저민 이 쓴 시나리오를 영화로 만든 〈선 스프링〉

시나리오를 영화화한 것입니다. 벤저민은 TV 시리즈인 〈스타 트렉〉이나 〈X-파일〉 등 수십 편의 공상 과학 시나리오를 학습하며 인공지능으로서 첫 번째 시나리오를 작성했습니다.

영화로 만들기 위한 시나리오가 가져야 할 기본 요소는 갖췄지만, 그 속내를 들여다보면 영화로 만들어진 것이 무리였다는 생각이 들 정도로 이야기가 안 되는 장면이 곳곳에서 보이긴 합니다. 하지만 첫 작품이라는 의미가 컸기 때문일까요? 이 작품은 영국 런던에서 개최하는 48시간 안에 공상 과학 영화를 만들어야 하는 영화제(SCI-FI-LONDON 48 hour Film Challenge)에서 10위 안에 드는 쾌거를 이뤘습니다.

이 외에도 일본에서는 공상 과학 소설가를 기리기 위해 만든 '호시 신이치 문학상'에 인공지능이 쓴 작품이 예선을 통과하기도 했고, 시집을 발간하기도 했습니다.

그러나 인공지능이 인간이 마음에 들어 할 글을 쓰기까지는 오랜 시간이 걸릴 것 같습니다. 하나의 단어나 문장이 전하는 감정의 골이 특히 예민한 글쓰기 작업은 작은 부자연스러움

문학상 예선을 통과한 인공지능이 쓴 〈컴퓨터가 소설을 쓰는 날〉

이나 말이 안 되는 내용에 대해서 매우 민감하게 반응할 수 있기 때문입니다. 따라서 인공지능이 쓰는 온전한 하나의 작품보다는 인간의 글쓰기를 돕는, 또는 인간이 인공지능의 글쓰기를 돕는 협력 방식으로 전

개될 개연성이 더 큽니다.

▷ 영상 편집 : 인간의 직관 vs 데이터와 인공지능

영상 제작 과정은 오랜 기간과 많은 비용을 필요로 하기에 비효율적입니다. 1분짜리 영상을 만들기 위해 12시간 이상을 촬영하는 일은 부지기수이고, 촬영된 영상의 상당 부분은 편집 과정에서 버리게 됩니다. 앞으로 인공지능 기술이 영상 산업에서도 주류 기술로 활용될 것이라고 기대하는 이유는 바로 영상 산업이 시간과 비용 면에서 가진 비효율성을 극복할 수 있기 때문입니다.

시나리오 작업과 달리 편집 작업은 이미 인공지능 기술이 도입되어 상당 부분 진척됐습니다. 대표적인 예가 컴퓨터 그래픽 작업입니다. 영상 편집의 대표 사례는 IBM의 인공지능 왓슨(Watson)을 들 수 있습니다. 왓슨은 2016년 9월에 공포 영화 〈모건(Morgan)〉의 예고편을 만들었는데, 기존에 상영된 100여 편의 공포 영화 예고편을 학습한 결과였죠. 배우의 표정과 화면 전환 효과 및 속도, 그리고 배경 음악 등의 요소를 각각 데이터화 한 뒤 그 요소들을 조합한 영상을 제작한 후, 전문가의 평가를 받으면서 완성도가 더욱 높아졌습니다. 이와 같은 기술로 예고편과 같은 영상 하이라

IBM의 인공지능 왓슨이 만든 영화 〈모건〉 예고편

이트를 만들기 위해 드는 막대한 인건비를 절감할 수 있으니 콘텐츠의 확산에 큰 기여를 할 수 있을 것으로 예측됩니다.

또한 스포츠 하이라이트 제작에서도 이미 완성도 높은 결과를 만들어 냈습니다. 2017년에는 세계적인 테니스 대회인 US 오픈의 하이라이트 영상을 편집한 것이 대표적인 예입니다. 다양한 통계 데이터를 활용하고, 선수의 다이내믹한 움직임과 공이 선을 살짝 비껴가는 순간 그리고 청중의 응원 모습까지 다양한 영상을 편집한 후에는 이 영상을 US 오픈의 공식 앱과 페이스북에 자동으로 게재하기도 했죠. 만일 이 영상을 사람이 만들었다면 아마 적어도 몇 시간은 걸렸을 겁니다. 편집한 후에 앱이나 페이스북 담당자에게 영상을 넘기는 등 절차도 복잡했을 거고요. 영상 편집부터 유통까지 왓슨 혼자서 단 몇 분 만에 끝냈다는 점에서 영상 편집의 신기원이 열린 것입니다. 최근에

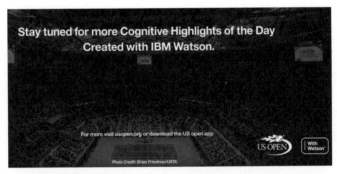

인공지능 왓슨의 작품임을 알려 주는 US 오픈의 하이라이트의 일부 내용(그림 35)

는 축구, 농구, 아이스하키 등 인공지능으로 하이라이트를 만드는 종목이 점차 늘고 있습니다.

인공지능을 이용한 자동 해설 방송과 시각 장애인을 위한 정보 제공 방송도 개발에 박차를 가하고 있습니다. 일본 TV는 2017년에 인공지능 아나운서 에리카를 채용했고, 자사 프로그램에 투입했습니다. 일본

일본 TV가 2017년에 정식 채용한 인공지능 에리카

NHK방송 역시 2018년 평창 동계 올림픽에서 생중계를 시연했고, 도쿄 올림픽에서 모든 경기에서 인공지능을 이용한 자동 해설 방송을 제공할 계획이었습니다. 단순히 문자를 음성 데이터로 변환해 들을 수 있는 소리가 아니라 사람의 감정을 표현할 수 있는 코드를 통해 마치 인간이 실제로 해설하는 듯한 효과를 낼수 있어 별도의 해설자가 없어도 경기를 설명할 수 있도록 만드는 것이 목표 입니다. 이와 같은 기술을 통해 해설자를 대체할수 있을 뿐만 아니라 시각 장애인은 기존 방식보다 더욱 풍부하면서도 실감 나는 해설을 접할 수 있을 것으로 예상합니다.

▷ 인간을 설득하는 인공지능

인공지능이 콘텐츠 제작 전반에 어떻게 적용될 수 있는지, 제작 초기 단계에서 배포까지 알아봤습니다. 이번에는 사용자 경험에 관련된 적용 사례에 대해서 알아보겠습니다. 현재 상용

화되고 있는 미디어 서비스 중에 사용자 분석을 제일 잘하는 기업을 고르라고 하면 넷플릭스와 유튜브를 꼽고 싶습니다. 시청자가 본 영상 데이터를 분석한 후, 원하는 영상을 추천하는 서비스를 잘 제공하는 기업이죠. 영상 분류와 사용자 선호도 분석을 통해 제공되는 이러한 서비스는 인공지능이 적용된 사용자 경험 서비스 중 가장 빨리 상용화가 되었고, 앞으로 그 정밀성은 더욱 높아질 것입니다.

먼저 넷플릭스를 살펴볼까요? 넷플릭스의 영상 분류는 영화나 방송 산업에서 5년 이상 근무한 경력이 있는 30~40명의 영상물 전문가가 4천 개의 분류 기준을 바탕으로 영상에 '태그(꼬리표)'를 답니다. 즉, 사람이 일일이 작업을 하는 것이죠. 스프레드 시트에 하나하나 태그를 다는데, 지역, 장르, '즐거운'과 '마음 아픈' 등과 같은 영상을 나타내는 수식어, 배경, 연령대 등 영상물 1개당 평균 250개씩 태그를 답니다. 즉 영상마다 250개의 단어로 특징이 정의되는 식입니다. 그리고 넷플릭스가 개발한 자체 알고리즘 시스템을 통해 최적화합니다.

다음은 사용자 선호도 분석입니다. 사용자는 시청한 영상에 대해서 엄지 아이콘으로 '좋아요 / 별로예요' 표시를 합니다. 이를 바탕으로 넷플릭스는 사용자가 좋아하거나 싫어하는 영상을 분석합니다. 자체 알고리즘으로 최적화된 시스템을 통해 사용자가 좋아할 만한 영상을 추천합니다. 뉴스(Roettgers,

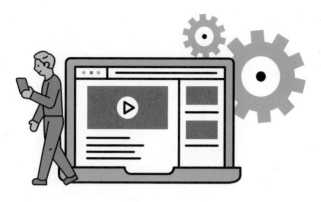

사용자의 선호도를 분석하여 최적화된 추천 영상을 제공하는 유튜브(그림 36)

2017.03.16)[22]에 따르면, 이 시스템을 통해 시청자의 평가 활동이 200% 증가했고, 각 시청자의 취향을 보다 자세히 파악할 수 있어 시청자의 마음에 들 것으로 판단되는 콘텐츠를 좀 더 효과적으로 추천할 수 있는 것으로 나타났습니다.

'좋아요/별로예요' 표시를 통해 사용자 분석을 하는 넷플릭스

　시청자가 원하는 영상을 바로 제공할 수 있다면, 시청 만족도를 높일 수 있을 뿐만 아니라 시청 빈도와 시간을 늘릴 수 있고 이는 자연스럽게 수익 창출로 이어질 것입니다. 방송 영상 시장에서 인공지능 기술이 기대되는 이유이죠.

　광고 시장에도 인공지능의 바람이 불고 있습니다. 저는 광고, 더 넓혀서 마케팅 분야가 인공지능의 영향을 가장 많이 받을 분야 가운데 하나로 예측합니다. 빅데이터를 바탕으로 정교화한 인공지능 기술이 타깃 광고를 가능하게 만들기 때문이죠. 특정인과 특정 그룹에 개인화 콘텐츠를 제작할 수도 있고, 이를 적절하게 노출하는 것이 가능하기 때문에 그 영향력은 대단할 것입니다.

일본의 클로렛츠(Clorets)라는 회사는 2016년에 인간이 만든 광고와 인공지능이 만든 광고 중에 어떤 광고가 더 좋은지 비교하는 재미있는 마케팅을 진행했었습니다. 인간 카피라이터와 인공지능 카피라이터가 각각 다르게 광고를 만든 후에 시청자의 평가를 받았는데, 근소한 차이로 인간이 만든 광고가 더 좋다는 평을 받았습니다. 버거킹 광고는 우스꽝스러운 대사로 인해 일종의 '병맛 광고'로 많은 관심을 받았고, 렉서스 자동차 광고는 인공지능이 쓴 스토리 라인이 인간과 구별하기 힘들 정도로 훌륭해서 찬사를 받기도 했습니다.

인공지능이 만든 스토리라는 것을 알아챌 수 있었을까요?

광고는 인간을 설득하는 대표적인 분야인데, 인간을 이해하는 데 인공지능이 더 뛰어날 수 있을까요? 다음은 인공지능이 사용자 분석을 하는 예를 통해 인간보다 더 인간을 잘 이해할 수 있을 것이라는 물음에 대한 답을 찾아보겠습니다.

▷ 나보다 나를 더 잘 아는 인공지능

인공지능의 사용자 분석도 크게 기대됩니다. 넷플릭스는 동영상 스트리밍 서비스의 선구자로서 그리고 게임 체인저로서 가장 앞선 기업인데, 넷플릭스의 데이터 과학이 인공지능과 결합한다면 더욱 놀랄 만한 서비스를 제공할 수 있을 것입니다.

예를 들어 1억 9천만 명의 넷플릭스 가입자 중 6천만 명이 영화를 시청하는 동안에 재생이나 잠시 멈춤, 찾기 같은 행동을 했다면, 한 달에 약 2만 시간 이상의 데이터가 쌓이게 됩니다. 엄청난 양의 데이터를 확보해서 사용자 경험에 영향을 줄 수 있는 데이터를 이용한 다양한 해결 가능성을 열어 준다고 볼 수 있습니다. 즉 딥 러닝으로 사용하기 위한 데이터의 사용 가능성이 높다는 것이죠.

이를 통해 더욱 폭넓고 깊이 있는 데이터 분석이 가능해지게 될 것입니다. 인터넷의 속도와 기기 사양, 네트워크, 기기의 알고리즘과 콘텐츠의 품질 등 다양한 원인을 분석함으로써 나라와 개별 사용자에 적합한 고품질의 경험을 선사할 수 있게 됩니다. 딥 러닝이 이와 같은 데이터에 결합할 경우, 시청 시 발생하는 다양한 문제를 사전에 대비할 수 있을 것이고, 시청 전 추천 프로그램의 정교화를 포함해서, 지금은 비록 광고를 하지 않지만 언제 어떤 방식의 광고를 할 경우 시청자 만족도를 극대화할 수 있을지 알 수 있을 것입니다. 이것이 바로 인공지능이 콘텐츠 산업의 주류 기술로 등장할 것이라 예측하는 이유입니다.

사용자가 직접 경험하는 인공지능의 역할도 증대할 것입니다. 영국 BBC는 로시나 사운드(Rosina Sound)사와 협력해 아마존 에코와 구글홈을 겨냥한 인터랙티브 라디오 드라마를 제작했습니다. 사용자의 선택에 의해 스토리 진행이 달라지는 형태인데, 사용자에게 음성으로 스토리를 이야기하고 특정 부분에서 선택을 하는 방식을 취했습니다. 사용자는 마치 자신이 연극배우가 된 것 같은 기분을 느끼게 함으로써 몰입도를 높일 수 있죠.

또한 인공지능은 풍부한 데이터를 바탕으로 콘텐츠를 사용하는 사용자 패턴을 인식함으로써 가장 좋아할 만한 콘텐츠를 찾아 주기 때문에 풍부한 콘텐츠 아카이브를 가지고 있는 콘텐츠 홀더에게 유리합니다. 널리 알려지지 않은 영상을 소비할 수 있기 때문에 전형적인 하위 80%에 속하는 다수가 상위 20%에 속하는 소수보다 뛰어난 가치를 만들어 낸다는 '롱테일 현상(long tail theory)'이 적용될 수 있는 분야로 재탄생할 것입니다. 콘텐츠 제작사는 굉장히 많은 영상을 갖고 있지만, 이것을 제대로 활용하지 못하죠. 이제까지는 활용하지 못한 콘텐츠이지만 새로운 기술의 발전과 내로우캐스팅, 다양한 관심사, 그리고 개인화 서비스를 통해 서버에 묵히고 있는 잊힌 동영상이 소비가 됩니다. 예를 들어 〈옛능 : MBC 옛날 예능 다시 보기〉, 〈크큭티비)와 같은 유튜브 채널이 인기가 많은 이유입니다.

콘텐츠 사용자가 원하는 콘텐츠를 그때그때 제공할 수 있다면 사용자 만족도를 높일 수 있을 뿐만 아니라 사용 빈도와 시간을 늘릴 수 있게 되고, 이는 자연스럽게 수익 창출로 이어질 수 있으므로 사업자로서도 가장 기대하는 기술이 됩니다.

이제는 데이터와
프로그래밍을 배워야 한다

▶ 신문방송학과에서 커뮤니케이션학과로의 변화

미디어 이야기를 하다가 빅데이터와 인공지능 이야기로 빠졌는데, 왜 이런 이야기를 했을까요? 미디어에 관심이 많은 여러분은 아마 미디어 관련 학과에 관심이 많을 것으로 생각됩니다. 시대별 미디어학과명의 변모를 통해 빅데이터와 인공지능 이야기를 하는 이유를 설명하려고 합니다.

우리나라 최초의 미디어 관련 학과의 이름은 신문학과였습니다. 1980년대 들어서 서울과 지방의 주요 대학에서 미디어 관련학과가 신설될 때는 신문방송학과라는 이름을 사용했습니다.

1990년대 들어서는 이름이 다양화 되어 신문방송학과 외에도 언론정보학과, 광고홍보학과 등의 이름으로 관련 전공 학과가 생기거나 학과명이 바뀌더니, 2000년대에는 미디어영상학과, 언론영상학과, 언론홍보학과 등의 이름으로 변경되었습니다. 그리고 최근에는 커뮤니케이션학과 또는 미디어커뮤니케이션학과가 새로운 이름의 트렌드로 자리 잡고 있습니다.

여러분은 이와 같은 학과명의 변화를 보고 그 이유를 짐작하셨나요? 예, 그렇습니다. 학과명은 그 시대의 대표적인 미디어나 콘텐츠를 이름으로 표현하고 있습니다. 1970~80년대만 하더라도 대표적인 미디어는 신문이었습니다. 그만큼 신문의 영향력이 컸던 거죠. 1980년 12월에 최초의 컬러 TV가 방송되고, 1981년 TV 수상기 보급이 80%를 넘어서면서, 1980~90년대의 방송은 신문의 영향력을 뛰어넘기 시작했습니다. 그러면서 대학교 입학을 준비하는 학생들에게는 신문학과라는 명칭보다 신문방송학과 또는 이를 줄여 신방과라는 명칭이 더 매력적이게 된 거죠.

뉴미디어, 다채널 시대로 진입한 2000년대 들어서는 신문과 방송은 미디어를 대표하기에는 그 범위가 너무 좁았습니다. 특히 영상이라는 강력한 메시지가 방송, 영화뿐만 아니라 인터넷에서 유통되기 시작하자 영상 제작, 촬영, 편집 등에 대한 관심이 부쩍 높아졌죠. 인터넷 때문에 기업에서 디지털 미디어를 통한 광고와 홍보, 즉 마케팅과 PR 등에 대한 관심이 부쩍 커진 것도 특징이었습니다.

최근에는 미디어커뮤니케이션 또는 미컴이라는 이름으로 특정 미디어를 드러내기보다는 미디어와 커뮤니케이션을 강조하는 방향으로 학과명이 바뀌고 있습니다. 한 가지 재미있는 것은 학과명은 미디어커뮤니케이션학과이지만 영어 이름은 'Department of Media and Communication'으로 미디어와 커뮤니케이션을 분리하고 있습니다. 정확히는 '미디어와 커뮤니케이션학과'인 거죠. 이 두 개의 학과명에는 분명한 차이가 있습니다. 미디어커뮤니케이션학과는 앞서 설명한 매스커뮤니케이션을 말하는 것이고, '미디어와 커뮤니케이션학과'는 매스커뮤니케이션과 커뮤니케이션을 말하는 더욱 포괄적인 분야를 의미합니다.

최근 미디어 전공 학과의 이름에 커뮤니케이션이 붙기 시작한 이유는 커뮤니케이션의 중요성을 인식하기 시작한 것으로 볼 수 있습니다. 현실적으로 취업과도 밀접하게 연관이 되고요. 미디어 관련 학과를 세계 최초로 설립한 미국의 경우, 학과명이 대부분 커뮤니케이션학과입니다.

커뮤니케이션학과에서는 단지 미디어만 가르치지 않습니다. 커뮤니케이션학은 매우 포괄적이어서 그 어느 분야도 커뮤니케이션학에 접목되지 않은 것이 없고, 또한 커뮤니케이션학 그 하나만으로 존재하기도 쉽지 않습니다. 그래서 커뮤니케이션학을 독자적인 학문 분야(discipline)로 볼 것인지, 아니면 심리학이나 사회학, 정치학 등과 같은 분야에서 하나의 관심사로 연구하는 연구 분야(field)로 볼 것인지에 대한 논쟁도 있습니다. 그래서 학문의 오아시스라는 표현도 합니다. 없어서는 안 될 존재이기는 하지만, 누구나 와서 잠시 물만 마시고 떠난다는 뜻입니다. 그렇다면 이렇게 포괄적인 학문으로서 커뮤니케이션학이 갖는 의미는 무엇인지 구체적으로 알아보겠습니다.

▷ 인공지능 음성 서비스와 커뮤니케이션하는 시대

커뮤니케이션학은 매우 실용적인 학문입니다. 트렌드에 민감하죠. 주류 미디어가 무엇인가에 따라 커리큘럼이 달라집니다. 2010년 들어서 모바일 커뮤니케이션이라는 수업과 소셜 미디어 관련 수업이 생겼습니다. 모바일 기기의 사용이 증가하고, 페이스북과 트위터 등의 소셜 미디어가 주류 미디어로 등장하다 보니까 이에 대한 수업이 생긴 거죠. 최근에는 실감 미디어 관련 수업도 하나둘 생기기 시작했습니다. 가짜가 진짜 같은 확장현실의 시대로 들어섰으니 어찌 보면 당연하겠죠?

커뮤니케이션학의 범주는 넓습니다. 여러분이 단지 미디어만 생각했다면, 그중에서도 PD, 기자, 광고만 생각했다면, 그것은 커뮤니케이션학에서 아주 일부분만 생각한 것입니다. 커뮤니케이션학은 그 원류로 볼 수 있는 수사학을 비롯한, 국제, 법률, 보건, 언론, 언어, 여성학, 역사, 영상, 정보 통신, 정치, 조직, 철학 등 광범위합니다. 그래서 대학교마다 학과의 비전과 미션에 따른 다양한 커리큘럼을 운영합니다.

이제 커뮤니케이션은 사람과 사람을 넘어 사람과 기계, 기계와 기계로 확장될 것입니다. 대표적인 예가 인공지능 음성 서비스입니다. 구글의 '구글홈', 삼성의 '빅스비', 애플의 '시리', 아마존의 '알렉사', SKT '누구, KT '기가지니' 등이 인공지능 음성 서비스 시장을 잡기 위해 치열하게 경쟁 중입니다. 네이버 '클로바'와 카카오 '미니' 같은 인공지능 스피커도 인기가 많습니다. 이들 스피커가 추구하는 목적은 동일하지만, 디자인은 큰 특징이 있습니다. 어떤 제품은 말 그대로 스피커 모양을 하고 있고, 어떤 제품은 '라인프렌즈'와 '카카오프렌즈'의 유명한 캐릭터를 활용했습니다. 그렇다면 미래의 인공지능 스피커의 모습은 어떤 식으로 발전할까요?

네이버가 인수한 홀로그램 비서 게이트 박스

커뮤니케이션은 인터랙티브합니다. 즉, 나와 커뮤니케이션하는 상대방이 누구냐에 따라 달라지기 마련입니다. 집에서 또는 내 스마트폰에서 나를 도와주는 인공지능 비서를 고를 수 있다면 여러분은 누구를 선택하시겠습니까? 결국 내가 가장 이야기하고 싶은 대상이 아닐까요? 그래서 그 대상은 애인일 수도 있고, 친구일 수도 있으며, 집에서 키우는 예쁜 강아지나 고양이일 수도 있습니다. 아이돌을 좋아한다면, 아이돌 스타를 비서로 둘 수도 있겠죠. 그래서 아침에 알람 소리 대신에 좋아하는 연예인의 목소리로 "일어나세요. 사랑하는 나의 주인님"으로 훈련시킬 수도 있습니다.

앞서 얘기한 다양한 인공지능 음성 서비스가 사용자의 선택을 받기 위해서는 어떤 차별점을 가져야 할까요? 우리가 하는 가장 이상적인 커뮤니케이션은 대면 커뮤니케이션입니다. 서로 마주하며 대화를 하는 것이죠.

개인 비서의 형태는 다양합니다. 삼성전자는 공 모양의 '볼리'(Ballie)를 선보였습니다.

인간과 대화를 하는 듯한 경험을 주는 서비스만 결국 선택을 받을 것입니다. BTS의 지민 님과 대화하는 듯한 경험을, 돌아가신 어머님과 마주하는 경험을 주는, 즉 진짜 같은 커뮤니케이션 경험을 제공할 때만 사용자는 지갑을 열 것입니다.

▷ 철학을 시작으로 컴퓨터 프로그래밍까지

제 개인적인 이야기를 하려고 합니다. 저는 대학에서 철학을 전공했습니다. 철학을 공부하면서 안토니오 그람시(Antonio Gramsci)와 위르겐 하버마스(Jürgen Habermas)라는 비판 철학자를 알게 됐고, 이들이 중시했던 커뮤니케이션과 미디어의 중요성을 깨달았습니다. 다행히 제가 다니는 학교에 신문방송학과가 있어서 신문방송학과 수업을 들으며 미디어의 영향력을 더 공부하게 됐죠. 게다가 중학교 때부터 컴퓨터를 배웠기에 신문방송학과에 컴퓨터 매개 커뮤니케이션(CMC)이라는라는 연구 분야가 있다는 게 매우 반가웠습니다. 연구하는 것이 즐거웠던 저는 취업을 하는 대신에, 대학원을 가기로 결정하고 학과는 신문방송학과로 정했습니다.

석사 때에는 뉴미디어를 공부했습니다. 1997년이었는데, 당시에는 닷컴버블(.com bubble)이라고 말할 정도로 ICT(Information and Communication Technologies) 관련 산업이 폭발적으로 성장할 때였습니다. 그래서 커뮤니케이션학에서도 이런 현상을 반영하여 ICT와 관련이 있는 뉴미디어 전공이 서서히 만들어지기 시작했습니다. 유학을 가겠다는 결정을 한 후, 대학은 뉴미디어 연구를 잘하는 교수님이 계신 학교를 선택했습니다. 사용자 관점을 갖게 된 것도, HCI(Human Computer Interaction)와 혁신에 관한 연구를 한 것도, 모두 박사 과정 때였습니다.

뉴미디어는 상대적인 용어라서 늘 새로운 미디어를 공부해야 했습니다. 그래서 스마트폰도, 소셜 미디어도, 게임기도, 늘 먼저 구매해서 사용한 후 연구를 해야 했죠. 그러다 보니, 미래에 대한 눈이 조금씩 떠지기 시작했습니다. 앞으로 우리 사회가 어떻게 변할지 나름대로 예측을 하기 시작했죠. 그러다 보니 컴퓨터 프로그래밍의 중요성을 알게 됐습니다. 그래서 2013년 연구년 때에는 미국의 컴퓨터사이언스학과에 공부를 하러 떠나기도 했습니다.

되돌아보면 제 연구 분야는 말 그대로 융복합입니다. 철학에서 시작해서 커뮤니케이션학으로, HCI를 공부하고, 컴퓨터사이언스까지 공부했으니 말입니다. 이 책에서 내내 얘기하는, 인간을 이해해야 하고 기술을 이해해야 한다고 주장하는 이유도 이런 저의 삶의 경로가 가장 큰 영향을 미쳤을 겁니다.

▷ 더 넓은 세계를 준비하자

제 개인의 삶을 이야기하는 이유는 커뮤니케이션학의 흐름과 관련이 있습니다. 이것은 곧 여러분이 미래에 무엇을 할 것인가를 결정하는 데 중요한 교훈을 줄 것입니다. 앞서 전공 학과의 이름에 커뮤니케이션이 붙기 시작한 이유 중 하나가 취업과도 밀접하게 연관이 되어 있다고 말씀드렸습니다. 슬픈 이야기이기는 하지만, 현실을 직시하라는 의미로 하나의 사실을 말씀드리려고 합니다.

'우리나라에서 PD나 기자가 되기 위해서 미디어커뮤니케이션학과를 가야 하는가?'라고 여러분이 질문을 한다면 우리나라의 모든 미디어커뮤니케이션학과 교수님은 '그렇지 않다'라고 대답하실 겁니다. 그것도 '절대로'라는 단어를 앞에 붙이면서 말이죠. PD나 기자로 취업한 사람들의 배경을 보면 미디어 관련 전공 출신은 오히려 찾아보기가 더 힘듭니다. 이유는 간단합니다. PD나 기자로 취업을 하기 위해서는 첫 단계가 시험을 보는 것인데, 이 시험이 전공과는 무관하기 때문입니다. 아나운서도 마찬가지입니다. 특정 아나운서 학원 출신이 많다는 것이 대부분 아나운서의 공통된 배경이지 전공은 그렇지 않습니다.

요즘 기자를 부를 때 '기레기'라는 모욕스러운 표현을 하곤 하는데, 그 이유가 저는 이런 배경과 무관하지 않다고 생각합니다. 기자가 되기 위해서는 커뮤니케이션학과에서 저널리즘의 가치와 기자 정신을 배워야 하는데, 이러한 가치를 배제한 채 시험 성적만으로 뽑게 되니, 철학이나 가치와 같은 본질을 내팽개치고, 현상만 보게 되는 것이죠.

커뮤니케이션학은 미디어 관련 기업 취업으로 보면 위기이지만, 취업 분야 전반으로 보면 기회입니다. 헬스커뮤니케이션을 공부해서 병원으로 갈 수도 있고, 디지털 마케팅을 공부해서 ICT 기업으로 갈 수도 있기 때문입니다. 사용자 경험을 공부한다면, 삼성전자와 현대자동차 같은 제조업도 커뮤니케이션학 분야에 해당합니다.

더 중요한 것은 이제 커뮤니케이션학에서도 데이터와 프로그래밍을 배워야 한다는 것입니다. 이제까지 소개한 많은 예에서 봤듯이 미디어가 융복합되듯이 우리 학문 분야도 융복합되

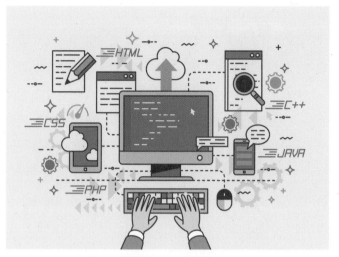

프로그래밍이 선택이 아닌 필수인 시대가 오고 있습니다. (그림 37)

고 있습니다. 언론인이 되기 위해 저널리즘을 배우고, 방송 PD가 되기 위해서 영상 제작을 배웠듯이, 디지털 환경이 융복합되는 시기에는 데이터를 배우고 프로그래밍을 배워야 합니다. 그래서 최근에는 빅데이터와 인공지능 전공자가 미디어커뮤니케이션학과의 교수로 임용되어, 새로운 커리큘럼을 만들고 있습니다.

영상 제작에 관심이 있는 친구는 언리얼 엔진이나 유니티와 같은 게임 엔진을 배움으로써 새로운 영상 시장을 개척할 수 있습니다. 게임을 좋아하는 친구는 게임을 즐기는 것에 그치지 말고, 직접 이와 같은 게임 엔진을 이용해서 자신이 원하는 게임을 만들 수도 있습니다. 뉴스는 취재도 중요하지만, 어떻게 독자들에게 보일 것인가를 고민하고 있습니다. 마케팅 분야에서 데이터 사이언티스트를 뽑는 것은 이미 일반적인 상황이 됐습니다.

여러분이 하고 싶은 일을 하지 말라는 말이 아닙니다. 여러분이 하고 싶은 일을 더 잘하는 데 데이터와 프로그래밍의 역할이 중요하다는 의미입니다. 4차 산업혁명 시대의 주인공인 여러분이 만들어 갈 세계는 기본적으로 데이터와 프로그래밍이 각 분야에 널리 활용될 것입니다. 부디 데이터와 프로그래밍의 중요성을 인식하고, 미디어 전문가로서 여러분의 꿈을 마음껏 펼치기 바랍니다.

참고 문헌

PART 1_10대가 TV를 죽이고 있다

1   정용찬, 최지은, 김윤화(2019). 방송 매체 이용 행태 조사. 방송통신위원회

2   Influencer Marketing (2020.01.03). 25 Useful Twitch Statistics for Influencer Marketing Managers. 〈Influencer Marketing〉
    https://influencermarketinghub.com/twitch-statistics/

3   김위수 (2019.02.06). 동영상 플랫폼 전쟁, 설 자리 잃은 토종 기업. 〈디지털타임스〉
    https://www.dt.co.kr/contents.html?article_no=2019020702100131033001

4   정철운 (2020.02.04). TV조선 '미스터트롯' 종편 시청률 신기록, 의미는. 〈미디어오늘〉
    http://www.mediatoday.co.kr/news/articleView.html?idxno=205037

5   과학기술정보통신부(2019. 12. 24). 2019년 통신 서비스 품질 평가 결과.

PART 2_ 웰컴 투 콘텐츠 월드

6   Eadicicco, L. (2019.12.24). Apple's AirPods are so popular they could become the company's third-largest product by 2021, analyst says. 〈Business Insider〉
    https://www.businessinsider.com/apple-airpods-sales-growth-third-biggest-product-2021-2019-12

7   대학내일 20대연구소 (2019). 《밀레니얼-Z세대 트렌드 2020》. 위즈덤하우스

8   Dimock, M. (2019). Defining generations: Where Millennials end and Generation Z begins. Pew Research Center, 17, 1-7.
    https://pewrsr.ch/2szqtJz

9   신지형 (2019.02.15). 밀레니얼세대와 Z세대의 미디어 이용. KISDI STAT

10 Prensky, M (2001a). Digital Natives, Digital Immigrants: Part 1. On the Horizon, 9(5), 1-6
    https://doi.org/10.1108/10748120110424816

11 Prensky, M (2001b). Digital Natives, Digital Immigrants Part 2: Do they really think differently? On the Horizon, 9(6), 1-6
    https://doi.org/10.1108/10748120110424843

12 Norman, D. & Nielsen, J. (2016). The Definition of User Experience. 〈Nielsen Norman Group〉
    https://www.nngroup.com/articles/definition-user-experience/

13 네이버 (2019). '전세계 100개국 1위' 네이버웹툰, 글로벌 연간 거래액 6천억 달성한다.
    https://www.navercorp.com/promotion/pressReleasesView/30118

14 License Global (2019). Top 150 Global Licensors. 〈License Global〉.

https://www.licenseglobal.com/rankings-and-lists/license-globals-2019-top-
150-leading-licensors

PART 3_ 요즘은 OTT가 체질

15   Trefis Team(2018.03.15). With Subscriber Declines Continuing, How Much Is ESPN
     Worth? Forbes.
     https://www.forbes.com/sites/greatspeculations/2018/03/15/with-subscriber-
     declines-continuing-how-much-is-espn-worth/#4310d1c3e3c9

16   Badenhausen, K.(2014.04.29). The Value of ESPN Surpasses $50 Billion. Forbes.
     https://www.forbes.com/sites/kurtbadenhausen/2014/04/29/the-value-of-espn-
     surpasses-50-billion/#69c5da9661f5

17   Enberg, J.(2018.08.17). Cord-Cutting Accelerates as OTT Video Keeps Growing.
     eMarketer.
     https://www.emarketer.com/content/more-than-half-of-us-consumers-watch-
     subscription-ott-video-2018

18   최민지(2020.02.24). '넷플릭스' 거절한 박정호 SKT 대표, 한국 미디어 생태계 위한 결단.
     〈디지털데일리〉.
     http://www.ddaily.co.kr/news/article/?no=192171

19   BRIDGE, G. (2020.01.06). Entertainment Companies Spend $121 Billion on
     Original Content in 2019. 〈Variety〉.
     https://variety.com/2020/biz/news/2019-original-content-spend-121-
     billion-1203457940/

20   Katz, B. (2019.10.23). How Much Does It Cost to Fight in the Streaming Wars?
     〈Observer〉.
     https://observer.com/2019/10/netflix-disney-apple-amazon-hbo-max-peacock-
     content-budgets/

PART 4_ 미디어 산업을 휩쓰는 빅데이터와 인공지능

21   Silver, N. (2012). The Signal and the Noise: Why So Many Predictions Fail - but
     Some Don't. 이경식(역).《신호와 소음 미래는 어떻게 당신 손에 잡히는가》. 더퀘스트

22   Roettgers, J. (2017.03.16). Netflix Replacing Star Ratings with Thumbs Ups and
     Thumbs Downs. 〈Variety〉.
     https://variety.com/2017/digital/news/netflix-thumbs-vs-stars-1202010492

그림 및 표 출처

그림

1   자체 제작

2   셔터스톡 shutterstock_ No.1764259565

3   셔터스톡 shutterstock_ No.1605892264

4   셔터스톡 shutterstock_ No.1100202902

5   셔터스톡 shutterstock_ No.777064027

6   https://stadia.dev/

7   셔터스톡 shutterstock_ No.1454700173

8   자체 제작

9   자체 제작

10   https://newsstand.naver.com/?list=my

11   셔터스톡 shutterstock_ No.1511792147

12   자체 제작

13   셔터스톡 shutterstock_ No.1409729000

14   셔터스톡 shutterstock_ No.1537715852

15   셔터스톡 shutterstock_ No.1498934852

16   셔터스톡 shutterstock_ No.245428414

17   셔터스톡 shutterstock_ No.1408313918

18   셔터스톡 shutterstock_ No.668493853

19   셔터스톡 shutterstock_ No.1227895417

20   자체 제작

21   United States Patent10,254,863

22   셔터스톡 shutterstock_ No.1359413084

23   자체 제작

24   셔터스톡 shutterstock_ No.1314818471

25   셔터스톡 shutterstock_ No.1023254542

26   https://www.netflix.com

27   https://www.netflix.com

28   https://youtu.be/wglNCdAM43A

29   셔터스톡 shutterstock_ No.1297356034a

30   셔터스톡 shutterstock_ No.1136091134

31   셔터스톡 shutterstock_ No.377554216a

32   셔터스톡 shutterstock_ No.1065341501a

33   자체 제작

34   https://research.netflix.com/

35   https://www.facebook.com/usopentennis/videos/10154693820907187

36   셔터스톡 shutterstock

37   셔터스톡 shutterstock_ No.1171100650

표

1   2019년도 방송 사업자 재산 상황 공표집

2   스피드테스트 글로벌 인덱스(Speedtest Global Index , 2020년 2월 기준)

3   한국_ 대학 내일 20대 연구소(2019), 미국_ Dimock(2019)

4   License Global, 2019